计算机认知与实训

（微课版）

主　编◎邵　平

副主编◎王俊波

清华大学出版社
北京

内 容 简 介

本书从学习任务出发，根据生活、办公等实际应用需求，选择性地综合了"计算机组装与维护""电子工艺""实用计算机网络技术"等三门课程的部分内容，强化了动手实践，相关理论的介绍则比较浅显。全书共 5 章，具体内容包括计算机硬件与软件基础、电子元器件与电路板手工锡焊、电路图纸设计与单片机程序控制、计算机网络与安全基础、计算机局域网的常用服务。本书每章都包含了认知任务和实训内容，读者通过对认知任务的理解、对实训内容的操作，能迅速掌握实用的知识和技术，快速提高动手实践能力。

本书可以作为应用型本科高校、高职院校的计算机类专业大学一年级的基础必修课或全校性公共选修课教材，也可以作为计算机爱好者的自学用书。

图书在版编目（CIP）数据

计算机认知与实训：微课版 / 邵平主编. —北京：清华大学出版社，2022.7
ISBN 978-7-302-61263-6

Ⅰ．①计… Ⅱ．①邵… Ⅲ．①电子计算机 Ⅳ．①TP3

中国版本图书馆 CIP 数据核字（2022）第 119217 号

责任编辑：邓　艳
封面设计：刘　超
版式设计：文森时代
责任校对：马军令
责任印制：刘海龙

出版发行：清华大学出版社
　　　　　网　　　址：http://www.tup.com.cn，http://www.wqbook.com
　　　　　地　　　址：北京清华大学学研大厦 A 座　　　　邮　　编：100084
　　　　　社 总 机：010-83470000　　　　　　　　　　　邮　　购：010-62786544
　　　　　投稿与读者服务：010-62776969，c-service@tup.tsinghua.edu.cn
　　　　　质量反馈：010-62772015，zhiliang@tup.tsinghua.edu.cn
印 装 者：北京国马印刷厂
经　　销：全国新华书店
开　　本：185mm×260mm　　　印　　张：10　　　字　　数：237 千字
版　　次：2022 年 8 月第 1 版　　　　　　　　　印　　次：2022 年 8 月第 1 次印刷
定　　价：49.00 元

产品编号：095576-01

前　　言

　　随着 IT 新技术的日新月异，如今的高校特别是应用型本科高校，其计算机类专业需要开设的专业基础课、专业课、专业选修课等课程门数和内容都越来越多。虽然从本科人才培养的角度看，这些课程开设的学时必须得到保证，但受学分限制，本科四年里，与专业相关的课程总学时又不可能太多。为此，一些非重点和难点的专业基础课程就有必要去掉过时的内容，凝练和设计知识模块，减少课程所占的学时和学分。本书作者将"计算机组装与维护""电子工艺""实用计算机网络技术"等三门课程进行了合并，并删去了一些与当前实际生活、办公及生产需求不太紧密的内容，补充了一些日常生活使用较多的计算机基本知识和技能实训，设立成一门新课程，称为"计算机认知与实训"。这样，相比原来同时开设上述三门课程，学时和学分都有较大幅度的减少，而且也更为实用。"计算机认知与实训"可作为电子信息类专业大学一年级的专业基础必修课，建议列入本科、高职的专业人才培养计划。

　　本教程编写的目的是希望学生通过学习，在大学一年级就能掌握与计算机相关的日常生活、办公和生产的基本知识，接受一些基础的实践训练；能增强对计算机相关知识的感性认知和体验，加强动手能力，提高对后续专业课程学习的兴趣和信心。另外，还希望学生从进入高校的第一个学期开始，就能具备帮助身边其他同学解决一些简单计算机技术问题的能力，由此获得成就感和幸福感，专业学习的动力进一步增强。

　　作者所在单位肇庆学院是广东省应用型本科示范高校，自 2017 年以来，作者所在课程组编写了本书所述内容的讲义，并进行了多年的教学实践。在此基础上，作者对原来的讲义进行了认真的梳理，并针对每个学习任务设计了实训内容，编写成现在的《计算机认知与实训（微课版）》教材。本教材可以按 32 学时 1 个学分的实践课开设；或者按总学时24 学时共 1 学分开设，其中，理论讲授安排 8 学时 0.5 学分，实训操作安排 16 学时 0.5 学分。教学计划建议：第 1 章安排 3～4 学时，第 2 章安排 6～8 学时，第 3 章安排 6～8 学时，第 4 章安排 3～5 学时，第 5 章安排 6～8 学时。教师还可根据学生的学情和课程总学时的安排，自行选择第 4～5 章的教学内容。

　　本教材虽然是针对本科高校电子信息类专业一年级学生编写的必修课教材，其实也完全适合高职院校使用，对计算机专业基础知识感兴趣的读者也可以当作自学参考书籍使用。

　　本教材由肇庆学院计算机科学与软件学院邵平、王俊波编著，其他参编人员还有梁祖仲、陈昌兴、陈元滨等老师。全书程序的源代码由邵平、王俊波进行设计和调试，彭士荣、蔡文伟、冼志妙、吴岸雄等老师参与了本书配套的 PPT 制作和操作微视频拍摄工作。

　　本书操作内容的介绍均基于 Windows 7 操作系统，若读者使用的是 Windows 10 操作系统，书中相关操作会有一些差异。配套的手工锡焊专用电路板及电子元器件成本很低，建议学生人手一套；实训所需的工具及单片机主控电路板等投入也很少，建议配置在实验室重复使用，每 2 人一组开展实训。本书配套的教案、教学进度表、PPT 课件、操作微视频等随书提供。本教材内容中的"提示""注意""拓展"等融入了一些"课程思政"的元素。为便于课程的开设，所需的配套软硬件要求在附录 F 中均有详细的说明。

衷心感谢清华大学出版社的编辑老师，他们为此书的出版付出了很大的努力。由于作者编写的时间仓促、经验有限，本书的内容肯定还存在不足之处，恳请读者批评指正（Email：617536919@qq.com）。

编　者

目 录

V

第 1 章　计算机硬件与软件基础

学习目标

☑　了解常见计算机的类型。
☑　掌握台式机基本硬件组成和组装方法。
☑　了解计算机软件的类型。
☑　掌握 U 盘启动盘的制作及使用方法。
☑　学会软件安装方法和浏览器使用技巧。

学习任务

完成下面的认知和实训任务，记录学习过程中遇到的问题，并在实训中通过动手实践去努力解决问题。

☑　认知 1：计算机类型和台式机软硬件系统。
☑　认知 2：USB 接口基本结构和 U 盘的用途。
☑　实训 1：台式机硬件组装与 BIOS 设置。
☑　实训 2：软件系统安装和浏览器的使用。

1.1　计算机类型和台式机软硬件系统

1.1.1　计算机类型

1946 年 2 月 14 日，世界上第一台通用计算机 ENIAC 在美国宾夕法尼亚大学问世，它以电子管作为元器件，属于第一代电子计算机。目前，我们所说的计算机为第四代电子计算机，也就是使用大规模和超大规模集成电路作为逻辑元件和存储器的计算机。日常生活中所提及的计算机通常是指个人计算机（personal computer，PC），主要包括台式机、笔记本电脑、一体机和平板电脑等几种类型。

1. 台式机

台式机外形如图 1-1 所示，它是一类各硬件模块相对独立的计算机，因为常常需要将主机、显示器等设备放置于办公桌或专用工作台而得名。

台式机体积适中，售价灵活，适用于家庭生活与日常办公，以下为其主要特征。

图 1-1　台式机外形

1）散热性好

台式机机箱容量通常较大，有时会为中央处理器或显卡等设备配置专用的风扇，通风条件佳，相对于其他几类计算机，散热性良好。

2）可扩展性好

由于台式机机箱容量较大，因此有足够大的空间方便用户进行硬件升级。如台式机内存条插槽有2～3个，显卡插槽通常有2个，用户可以根据自身需求灵活升级设备。

3）保护性好

台式机可以全方位保护硬件不受灰尘侵害，而且具有一定的防水性。

4）操作方便

台式机机箱的开关机键、USB及音频接口都在机箱前置面板，方便用户使用。

2. 笔记本电脑

笔记本电脑外形如图1-2所示，其最明显的特征是体积较小（重量通常在1～3kg）、便于携带，且自带屏幕和键盘。

随着计算机技术的发展，笔记本电脑体积越来越小，而性能则越来越强大，但笔记本电脑在体积和性能取舍上难以做到兼而有之。体积较小一些的笔记本电脑需要在更有限的空间中布置各类硬件和考虑硬件散热问题，因此"轻巧"的笔记本电脑往往需要牺牲一些性能。相对应地，体积较大的笔记本电脑有更充裕的空间加入更多的硬件，因此其设备的性能可能更高。

3. 一体机

一体机，即把机箱、摄像头、显示器等硬件设备集成为单个的台式电脑，其外形如图1-3所示。由于体积较小且美观，因此比较容易配合室内摆设。一体机如同笔记本电脑一样，其突出特点是较难升级和自定义硬件，因为机体所有的内置硬件都在显示器里面，结构紧凑。

图1-2　笔记本电脑外形　　　　　　　　　　图1-3　一体机外形

日常生活中，一体机常用于图书馆的图书查询、政府的政务接待办公、各类营业厅的信息浏览等，它的优势具体如下。

1）简约无线

一体机布线简单，采用无线网络时，甚至只需要一根连接机器的电源线，就能完成屏幕展示、音箱播放、摄像头对话等功能。

2）节省空间

一体机通常比普通台式机体积小很多。

3）节能

一体机耗电量大约为普通台式机的 1/3，且产生的电磁
辐射更小。

4．平板电脑

平板电脑是一种无翻盖、无键盘且功能完整的计算机，
其外形如图 1-4 所示。它最明显的特征是比笔记本电脑体
积更小、重量更轻（1kg 左右），采用可触摸识别的液晶屏
作为主要的输入输出介质，其特点如下。

图 1-4　平板电脑外形

1）便携移动

整体上只有一个单独的液晶显示屏，可随时转移使用场所，比台式机和笔记本电脑更加
灵活。

2）支持触控输入

触控屏幕摆脱了对实体键盘、鼠标的依赖。

3）高性价比

价格通常比台式机和笔记本电脑低，功能较为全面。

当然，由于平板电脑体积有限，因此存在电池容量较小、无法完成复杂计算工作等方
面的缺点。

除苹果公司生产的 iPad 平板电脑采用 iOS 操作系统之外，其他平板电脑普遍采用
Android（安卓）操作系统。值得注意的是，iPad 和苹果手机的操作系统是一样的，且其软
件均只能从苹果官方下载。

5．超级计算机

超级计算机是指规格与性能都比个人计算机强大，能够解决运算量巨大的计算问题的
大型计算机。现有超级计算机的运算速度可以超过每秒一兆（万亿次），而普通台式机的
计算性能主要取决于中央处理器，运算速度集中在每秒几十到几千亿次之间。

超级计算机并非只是大量中央处理器、图形处理器等硬件的简单整合，它还能把一项
复杂的工作细分为多个"子工作"，并保证将这些"子工作"自动分配到多个不同的中央
处理器去同时进行运算处理。由于我们日常生活中需要计算机完成的运算工作相对简单，
因此普遍台式机完全可以胜任；而在天气预报、天体物理模型构建、汽车设计模拟、密码
破解分析等应用场景，则必须借助超级计算机才能完成这些复杂而繁重的数值计算工作。
我国拥有一系列世界顶级的超级计算机，如神威系列、天河系列。其中，"神威·太湖之
光""天河二号"超级计算机性能目前排名均在全世界前十名内。

"天河二号"由国防科学技术大学研制，安装在国家超级计算广州中心，如图 1-5 所
示。该超级计算机在生物医药、新材料、工程设计与仿真分析、天气预报、智慧城市、电
子商务、云计算与大数据、数字媒体和动漫设计等领域得到广泛的应用。

图 1-5　天河二号

截至 2020 年 11 月，我国最快的超级计算机是如图 1-6 所示的"神威·太湖之光"，它由国家并行计算机工程技术研究中心研制，安装在江苏省无锡市的国家超级计算无锡中心。

图 1-6　神威·太湖之光

拓展："天河二号"使用了英特尔公司研发的芯片，美国出口禁令使该系统未能获得升级所需芯片。"神威·太湖之光"是国内第一台全部采用国产处理器构建的世界一流超级计算机！2016 年 7 月 15 日，吉尼斯世界纪录大中华区总裁罗文在北京向国家超级计算机无锡中心主任杨广文颁发吉尼斯世界纪录认证书，宣布中国自主研制的超级计算机"神威·太湖之光"是"运算速度最快的计算机"，为祖国点赞！

应用"神威·太湖之光"超级计算机，以清华大学为主体的科研团队首次实现了全球 10 千米高分辨率地球系统数值模拟，可全面提高中国应对极端气候和自然灾害的减灾防灾能力；国家计算流体力学实验室对"天宫一号"返回路径的数值模拟可为"天宫一号"顺利回家提供精确预测；上海药物所开展的药物筛选和疾病机理研究可大大加速白血病、癌症、禽流感等方向的药物设计进度。

1.1.2　台式机的硬件系统

把台式机的外壳拆除后，可以看到一个大的主板和主板上大小不同、形状各异的电路板卡。实际上，由于现代计算机的设计都遵循冯·诺依曼体系结构，因此不管计算机制造厂商是哪家、计算机具体型号是什么，计算机的硬件系统都主要由运算器、控制器、存储器、输入设备、输出设备等 5 个部分组成，其中，运算器和控制器集成在中央处理器内。

1.　中央处理器

中央处理器简称 CPU（central processing unit），它是计算机的核心硬件，负责解释计算机指令和处理计算机中的数据。CPU 内部有两大单元，即运算器和控制器。其中，运算器包括算术运算器和逻辑运算器，它由算术逻辑单元、累加器、寄存器组等单元构成；控制器则具有复位和使能功能，内部包含计数器、指令寄存器、指令译码器、状态寄存器等单元。运算器和控制器的配合使用，保证了 CPU 有条不紊地执行计算机命令，从而顺序完成一系列计算工作。

在笔记本电脑中，CPU 一般集成在主板上，所以无法灵活更换；而在台式机上，CPU 可根据经费预算和对性能的要求进行选择性配置。常见的 CPU 制造商有 Intel 和 AMD，CPU 常见外形如图 1-7 所示。其中，Intel 芯片市场份额在 70%左右，著名的处理器品牌有赛扬（Celeron）、奔腾（Pentium）和酷睿（Core）。酷睿系列是当前市场上的主流 CPU，主要面向中高端办公用户或游戏玩家。为了方便消费者进行选择，Intel 公司在酷睿的基础上做了进一步区分，即 i3、i5、i7 系列，三者定位分别为中端、中高端和高端。

图 1-7　CPU 外形

右击计算机桌面的 图标，在弹出的快捷菜单中选择"属性"命令，可以查看计算机的属性界面,此界面能显示当前台式机的 CPU 型号。例如,看到类似于"Intel Core i7-7700U"这样的字段，说明这是一台高端的 i7 计算机，"7700U"中的第一个"7"说明当前 CPU 是酷睿系列的第七代产品，"700"代表它的性能等级（数值越大，性能越好）。

> **拓展：** 不同于独立、封闭地自主制造原子弹，CPU 等芯片、操作系统具有很强的商业属性，其产业链和开发均相当依赖国际化，这意味着我们需要在"自力更生"和"拿来主义"之间去平衡。在过去，我们很容易倒向"造不如买"，如今受到外压，更提醒我们自主研发再难，也不能停步探索的步伐！

2.　存储器

存储器包括主存储器（内存）、辅助存储器（外存储器）和缓冲存储器。内存用于存放正在运行的程序和相关数据，其存取速度快、容量较小，且每位（bit）的成本较其他存储器更高；外储存器一般指断电后仍然能保存数据的计算机存储器，常见的外存储器有硬盘、软盘、光盘、U 盘等；缓冲存储器（cache）是一种高速缓冲存储器，是为了解决 CPU

和主存之间速度不匹配而采用的一项重要技术，是介于 CPU 和主存之间的小容量存储器，存取速度比内存更快。

常见的台式机内存条外形如图 1-8 所示，日常生活中，如果内存的使用率长期保持在80%以上，就要考虑对内存进行增容，否则电脑容易出现频繁卡顿问题。

硬盘是计算机的主要外部存储器，如图 1-9 所示为一块机械硬盘。当硬盘开始工作时，其内部一般都处于高速旋转之中，如果中途突然关闭电源，可能会导致磁头与盘片猛烈摩擦而损坏硬盘，因此要避免突然关机。关机时一定要注意面板上的硬盘指示灯是否还在闪烁，只有在其指示灯停止闪烁、硬盘读写结束后方可关闭计算机的电源开关。

图 1-8　台式机内存条外形

图 1-9　机械硬盘外形

当然，目前许多台式机都开始安装固态硬盘，它没有机械硬盘那么容易损坏，但在非正常关机或突然断电时仍会对固态硬盘造成数据丢失等影响，需要在使用时加以注意。

3．输入设备

输入设备是向计算机输入数据和信息的设备，它是用户和计算机系统之间进行信息交换的主要装置之一。日常生活中常用的输入设备有键盘、鼠标、扫描仪、激光翻页笔、触摸屏幕等。

4．输出设备

输出设备（output device）是计算机硬件系统的终端设备，其作用是把各种计算结果数据或信息以数字、字符、图像、声音等形式表现出来。常见的输出设备有显示器、打印机、绘图仪、影像输出系统、语音输出系统、磁记录设备等。

5．其他硬件设备

除上述 4 类计算机部件之外，在台式机的主机箱内通常还能看到诸如主板、显卡、声卡、网卡等硬件设备，它们也都是计算机硬件系统的重要组成部分。

主板是一块包含了众多电子元件和硬件接口的电路板，如图 1-10 所示，它是连接其他计算机配件的电路系统，CPU、显卡、内外存储器、网卡、声卡等各种硬件都要通过主板连接才能工作。从外观上看，主板是一块长方形的电路板，其上布满了各种电子元器件、插座、插槽和各种外部接口，它可以为计算机的所有部件提供插槽和接口，并通过其中的线路统一协调各部件的工作。

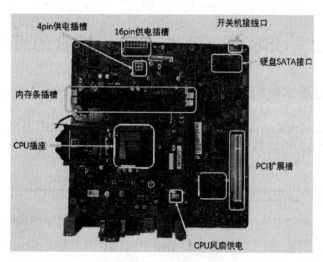

图 1-10　台式机主板外形

1.1.3　台式机的软件系统

　　计算机的软件系统是为运行、管理和维护计算机而编制的各类软件的总称，而软件则是指计算机运行所需要的各种程序和数据，以及开发、使用和维护这些程序所需要的文档集合。通常将软件分为系统软件和应用软件两大类。应用软件可完成一个特定的任务，而系统软件则为计算机运行这些应用软件提供支持，是计算机硬件和当前正在运行的应用程序之间的接口。实际上，系统软件和应用软件的界限并不十分明显，有些软件既可以认为是系统软件也可以认为是应用软件，如数据库管理系统等软件。

　　台式机的系统软件通常包括操作系统（如 Windows、Mac OS、Linux）、语言处理程序等。按下"开关机"键，台式机加载的第一个系统软件就是操作系统，等待操作系统协调和管理各种硬件资源的正常调度后，下一步就是在操作系统基础上运行各类应用软件。应用软件可使计算机完成特定的功能，例如，应用 Word 软件可以编写办公文档，应用 Photoshop 软件可以编辑图片，等等。

　　特别需要强调的是，目前操作系统基本上被国外产品垄断。例如，手机的操作系统被苹果公司的 iOS 操作系统和谷歌公司的安卓操作系统垄断；在个人计算机领域，操作系统也基本上被苹果公司的 Mac OS 操作系统和微软的 Windows 操作系统垄断，Linux 操作系统连 5%的份额都不到，至于国产系统也仅在这 5%之中占有大约 1%的份额。当前，我国华为公司发布的鸿蒙操作系统（HarmonyOS）是最有希望打破国外操作系统垄断地位的产品之一。

拓展：在系统软件中，操作系统是最核心的系统软件。随着外部形势越来越紧张，人们对国产操作系统的呼声也越来越高。人们都觉得，如果某一天美国的微软、谷歌公司都不把操作系统给我国使用了，我国又没有自己的操作系统，岂不是真正地被"卡死"了？我们要大力支持国产操作系统（如鸿蒙操作系统，即 HarmonyOS）的应用和推广！

1.2 USB 接口基本结构和 U 盘的用途

1.2.1 USB 接口基本结构

USB 是英文 universal serial bus（通用串行总线）的缩写。USB 总线的物理传输介质由一根 4 线的电缆构成，电缆最长允许通信长度为 5m，如图 1-11 所示。

图 1-11 USB 总线示意

其中，Vbus、GND 这两条用于提供设备工作所需要的电源，Vbus 电源端的标称电压为+5V，GND 为对应地线；而 D+、D-两条线为绞线形式的信号传输线。图 1-12 为带屏蔽线的 USB 连接线内部结构实物图。

标准 USB 接口的连接线颜色一般是固定的，以下为连接线的颜色特点。

（1）红色表示电源正（V+或 Vbus）。

（2）黑色表示电源负（V-或 GND）。

（3）白色表示数据负（D-）。

（4）绿色表示数据正（D+）。

USB 的连接端口类型（type）主要形式如图 1-13 所示，有 A、B 和 C 3 种，其中，Type A 型端口用于连接下游方向（从主机到其他连接设备的方向）的应用型设备，Type B 型和 Type C 型端口通常用于连接上游（从其他连接设备到主机的方向）集线器或应用型设备。

图 1-12 标准 USB 连接线

图 1-13 USB 端口外形

拓展：USB 连接线、接口在日常生活中都比较常见。遇见连接线或接口出现断开或接触不良时，若自己了解上述结构，就可以大胆地查找和排除故障。运用自己掌握的技术，勇于通过实践解决问题，是实践创新能力的重要体现！

1.2.2 U 盘的用途

U 盘是 USB 盘的简称，有时也称为"优盘"，它是闪存的一种，不需要特定的物理驱动器，支持即插即用，体积小巧且方便携带。日常办公或学习时，U 盘的最常见用途是存储文件。

购入一个新 U 盘后，可将 USB 接口按照正确的方向插入计算机的 USB 接口，进入计算机的资源管理器，可以查看 U 盘的容量。通常而言，U 盘的声称容量与所查看到的容量并不相符，这是因为 U 盘内安装的驱动程序已经占用了一部分空间；另一方面，U 盘可能预安装了一些安全软件，而这些软件并不可见。在 U 盘使用完毕后，应在桌面右下角的任务栏中右击 图标，然后选择"弹出"命令，如图 1-14 所示。若直接拔出 U 盘，可能会导致 U 盘文件损坏，甚至影响 U 盘的使用寿命。

图 1-14　U 盘弹出操作

除存储文件外，U 盘还有其他一些常用功能。例如，制作 U 盘引导盘，完成磁盘分区、安装系统等。另外，还可以对 U 盘格式化和加密、制作系统登录密匙（电脑只有插上此密匙 U 盘，才能完成验证登录，保护计算机系统文件和个人隐私），甚至可以将常用的 Office 套件、游戏和操作系统等备份文件放在 U 盘里，前提是 U 盘容量要足够大才行。

拓展：市场上我们能看到各种各样利用 USB 接口原理设计的产品。例如，带 USB 接口的充电宝、移动硬盘、MP3 播放器、录音笔、无线网卡等。为什么许多产品设计都要带一个 USB 接口？USB 接口从技术和商业应用等角度看，分别有哪些优势？这些问题值得探究。

1.2.3　U 盘的常见信息安全隐患

像 U 盘这样的移动存储介质，其在使用中存在的主要问题如下：一是容易因丢失 U 盘造成信息泄密，或因使用、保管不当造成信息丢失；二是在涉密网络和互联网之间交替使用，或多人共用，或公私混用等，可能造成数据泄露。另外，如果病毒防范不到位，U 盘自身容易变成一个病毒传播源，以下为其常见的两种传播方式。

1. 病毒传播

染毒的计算机利用 Windows 系统的自动播放功能进行传播病毒，将病毒感染到 U 盘，一旦带毒 U 盘插入其他计算机，会造成其他计算机感染病毒。

2. 木马摆渡

通过 U 盘，摆渡木马可以采用中断进程、"映像劫持"、线程插入与进程守护等先进技术突破物理隔离，一旦发生交叉使用的违规事件，就极有可能造成机密文件被非法复制出去，造成泄密事件。

拓展：据美国市场研究机构 Ponemon Institute 公布的调查结果，因 USB 设备遗失，参与这项调查的多家企业丧失了 12000 份客户、消费者和雇员档案，按每份档案 214 美元的平均成本计算，这些企业由此蒙受的损失可能超过 250 万美元。信息化时代如何确保信息安全、防止信息被盗取泄露？加强信息安全意识和利用技术手段保护信息安全的同时，制定企事业单位有效的移动设备管理监督机制也十分重要。

1.3 实训 1：台式机硬件组装与 BIOS 设置

实训目标

（1）学会组装台式机硬件。

（2）初步掌握 BIOS 设置。

实训要求

（1）学会组装台式机，了解主板 BIOS 的相关设置。

（2）了解 BIOS 设置的意义，掌握 BIOS 的常用设置。

实训环境

（1）已组装好的展示用台式机 1 台。

（2）已分模块拆散的台式机若干台。

1.3.1 硬件组装

硬件的组装流程如图 1-15 所示，组装的详细步骤如下。

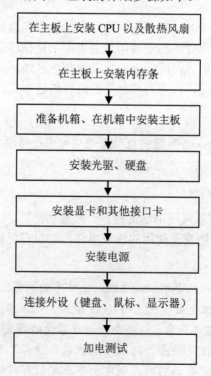

图 1-15 台式机硬件安装流程

1．CPU 及散热风扇的安装

如图 1-16 所示，首先准备主板、CPU 和风扇、散热硅脂，将主板上固定 CPU 的压板打开。

接下来，如图 1-17 所示，将 CPU 中凹进去的两个半圆接口和主板上 CPU 插槽处预留的两个凸出来的半圆形接口对齐，将 CPU 轻轻压入，随后盖上 CPU 压板。

图 1-16　打开 CPU 压板示意

图 1-17　安装 CPU 示意

由于 CPU 在运行过程中会进行大量运算，此过程会产生较多热量，因此需要配备专门的散热片和 CPU 风扇。为使散热片和 CPU 之间的接触更充分，通常在两者贴合处涂抹足量的散热硅脂，再将 CPU 风扇装入主板，同时还要将供电电线插上。如图 1-18 所示，左边为涂抹了硅脂的 CPU，右边为安装了风扇的 CPU。

图 1-18　安装 CPU 风扇示意

2．内存条安装

如图 1-19 所示，先找到两边均有白色塑胶保险栓的蓝色内存插槽，并确保两侧保险栓为向外掰开状态，然后将内存条引脚的缺口对准内存插槽内的凸起处，在内存条顶端两侧垂直向下轻微用力，直至插槽两侧的保险栓自动扣住内存条并发出"咔"声，则说明安装到位。

图 1-19　内存条的安装示意

3．主板安装

主板的外部设备接口很多，如图 1-20 所示，要注意和机箱上的插孔对齐后再将主板插入机箱，最后还要安装主板的固定螺丝。

4．硬盘安装

安装硬盘时，首先需要清楚硬盘的接口类型，目前主流台式机的硬盘接口为 SATA 接口，如图 1-21 所示。只安装一个硬盘时，一般使用一条 SATA 线将硬盘连接到主板上的 SATA1 接口上；如果需要外接两块硬盘（一块固态硬盘，一块机械硬盘），且将在固态硬盘上安装操作系统，则必须将固态硬盘的 SATA 线连接到主板上的 SATA1 接口上。

图 1-20　主板的外部设备接口

图 1-21　主板上的 SATA 接口

5．机箱电源安装

一般机箱电源可直接安装在机箱的相应位置，用螺丝固定即可，而有的机箱本身带有电源，无须另购。机箱电源的安装位置如图 1-22 所示。

6．其他接线及外设连接

硬件安装的最后步骤是将机箱电源的插头、CPU 的供电线、机箱的开关机线、散热风扇电源线等连接至主板，并在主机机箱外侧装上鼠标、键盘、显示器等外部设备。

图 1-22　机箱电源安装位置

📖 **拓展**：组装电脑硬件时，考虑硬件之间的兼容性十分重要。例如，一根内存条本身是好的，但可能装在某一主板上时其运行速度却很慢甚至无法工作，这说明两者不兼容。类似地，生活中人与人之间时常也会出现一些摩擦，互相不太相容。能相容互补的一些人在一起时，做什么事都能达到事半功倍的效果，因此，每个人都要学会更好地与身边的人相处。

1.3.2　BIOS 的设置内容

BIOS（basic input output system，基本输入输出系统）是固化在主板中的计算机程序，是计算机开机后第一个运行的程序。BIOS 功能是为计算机运行提供底层的硬件设置和控制程序，下面为其常见的设置内容。

1．基本的参数设置

主要包括设置系统日期、时间，启动后对自检出错的处理方式。

2．磁盘驱动器设置

主要包括设置启动顺序、硬盘和软盘的型号、自行检测 IDE 接口等。

3．电源管理设置

主要包括设置进入节能状态时所等待的延时时间、唤醒方式、显示器断电方式等。

4．安全设置

主要包括设置硬盘分区表保护、开机口令等。

5．集成接口设置

主要包括设置 USB 接口打开/关闭状态、DMA 设置、IDE 接口的允许/禁止等。

6．其他设置

主要包括 Cache 缓存设置、CPU 超频设置、PCI 局部总线参数设置等。

1.3.3　BIOS 的设置步骤

下面以更改计算机启动设备的顺序为例，介绍 BIOS 的设置步骤。

1．BIOS 的启动快捷键

如果不知道当前 PC 进入 BIOS 的启动快捷键，可先根据电脑类型和品牌型号上网查询。例如，可登录网址 https://www.laomaotao.net/quickquery/，查询进入 BIOS 的启动快捷键，如图 1-23 所示。

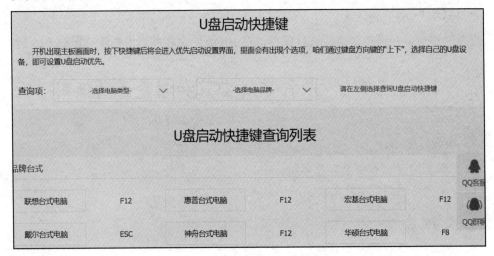

图 1-23　查询进入 BIOS 的快捷键

2. 进入启动菜单

在关机状态下按"开关机"键，随后立即连续多次按键盘上相应的启动快捷键（如 F12键），直到出现如图 1-24 所示的开机启动菜单选项。

3. 进入 BIOS 设置界面

按"↑"键或"↓"键，选择 Enter Setup 选项，并按 Enter 键确定。此时系统将进入 BIOS 设置界面，可将 Language 设置为中文。

4. 修改启动设备的顺序

按"←"键或"→"键，选择"启动"选项卡，然后选择其中的"主要启动顺序"选项，按 Enter 键，显示开机启动设备按照 USB KEY 1、SATA 1、Network 1 等顺序依次优先，如图 1-25 所示。

图 1-24　启动菜单选项

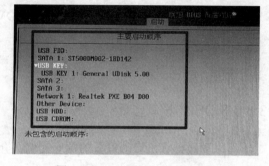

图 1-25　BIOS 的开机启动顺序

这样，系统在启动时就会先去 USB KEY 1 中查找该 U 盘是否包含操作系统或系统引导，若有，则选择进入该选项所对应的系统，否则将进入 SATA 1 查找系统引导，以此类推。可以按照屏幕的提示自行更改开机启动顺序。

5. 保存 BIOS 信息

设置完毕后，还需要对更改进行保存，在 BIOS 中保存并退出的快捷键是 F10 键。

1.4　实训 2：软件系统安装和浏览器的使用

实训目标

（1）学会使用 U 盘安装操作系统。

（2）学会使用浏览器检索互联网信息。

实训要求

（1）学会使用 U 盘制作系统的 U 盘启动盘。

（2）学会使用 U 盘启动盘安装 Windows 10 操作系统。

（3）学会使用 360 浏览器、Chrome 浏览器进行信息检索。

 实训环境

（1）8GB 以上 U 盘。

（2）可联网的台式机。

1.4.1　U 盘启动盘的制作

U 盘启动盘的制作需要借助软件工具来进行，当前比较流行的制作工具有老毛桃（www.laomaotao.net）、大白菜（www.winbaicai.com）、电脑店（u.diannaodian.com）等。制作好的 U 盘启动盘一般具有如下功能。

（1）可启动 Win 10 X64 PE，即进入 Windows 10 系统的安装界面。

（2）可启动 Win2003 PE，进入 Windows 2003 系统的安装界面。

（3）可运行 DiskGenius 硬盘分区工具。

（4）可运行 Windows 密码破解工具。

（5）可启动其他磁盘，甚至是自己 U 盘上预安装的操作系统。

制作 U 盘启动盘，需要准备一个 8GB 以上的 U 盘（重要文件需要提前备份，以免丢失），并从互联网官方下载上述软件工具进行制作。具体的制作方法，上网搜索一下相关教程即可，此处不再赘述。

1.4.2　用 U 盘启动盘安装操作系统

U 盘启动盘制作好后，就可以安装操作系统了。以安装 Windows 10 操作系统为例，具体步骤如下。

1．下载待安装的系统镜像文件

参考网址为 https://msdn.itellyou.cn/。例如，从相关网页中选择"64 位教育版 Windows 10 操作系统"，并单击"详细信息"按钮，即可看到下载链接和有关该系统的其他信息。下载后，操作系统镜像文件的文件名一般为*.iso，并记录其保存的位置。

2．U 盘引导系统开机

在台式机 USB 接口插入先前制作好的 U 盘启动盘，重启电脑，并立即连续多次按启动快捷键（如 F12 键），出现如图 1-24 所示的启动菜单选项，选择由 U 盘启动。由 U 盘启动后，将出现如图 1-26 所示的开机引导系统菜单。

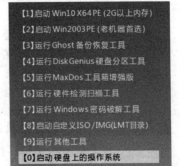

图 1-26　U 盘开机引导系统菜单

3．进入 Win10 X64 PE 系统

选择"【1】启动 Win10 X64 PE（2G 以上内存）"选项，并按 Enter 键或直接输入"1"

字符，随后将进入 Win10 X64 PE 系统桌面。

4．安装操作系统

在 Win10 X64 PE 系统桌面，打开桌面提供的相应装机工具，并选用已下载好的 64 位教育版 Windows 10 操作系统镜像文件（文件名为*.iso），即可进行操作系统的安装，装机工具的使用详细步骤可上网搜索，此处不再赘述。

当操作系统的安装进度显示已完成 100%时，拔去 U 盘，重启计算机即可进入安装好的操作系统。

1.4.3 应用软件的安装使用

应用软件的安装包含 3 个步骤，即软件的获取、安装和测试。

1．软件获取

软件获取是指从互联网获得软件安装包，获取应用软件时应尽量到开发该软件的官方网站去下载或购买，尽可能使用正版授权而非盗版破解软件，以免下载的软件中含有未知病毒或捆绑流氓软件而对计算机造成破坏。

2．软件安装

软件安装过程中，大多数软件都会在官方网站提供安装流程的说明，应根据这份说明来逐步完成安装。随着软件开发技术的不断成熟，大部分软件都不需要用户进行频繁的参数设置，只需要默认单击"下一步"按钮即可，但在选择安装目录时，软件通常会默认安装在 C:\Program Files (x86)或 C:\Program Files 路径下，如果在计算机的这两个路径下安装软件过多，将导致系统 C 盘空间不足，因此推荐在 D 盘或其他盘符下面建立一个 software 文件夹，每当要安装一个新的软件时，则在该目录下建立一个新的文件夹。例如，要安装 Office 2010 办公软件，则在"D:\software\"路径下可新建"office2010"文件夹，从而将软件安装在 D 盘而不占用 C 盘的空间。

3．软件测试

软件安装完毕后，还需要测试一下，看其是否真正安装成功且可以正常使用。例如，在安装大型的集成编程开发环境（IDE）时，如 Java 语言开发平台的 Eclipse 等，可以编写一个简单的"Hello World！"程序，看其是否能正常运行。不过，绝大部分应用软件在安装完毕后即可正常使用。

拓展： 从互联网获得的软件安装包有时可能是盗版软件，其特点是免费；而到官方网站下载的软件很可能需要购买使用权限。盗版软件是被破解的，功能上可能会出现不稳定情况，如果破解者刚好是个玩病毒或者木马的，也许盗版软件就含有病毒了！无论从哪个渠道获得软件，都建议使用正版软件！别人设计软件得到回报，自己用得也安心！

1.4.4　浏览器的内核简介

浏览器是人们在互联网上检索信息的重要软件工具，上网采购商品或下载各种应用软件也都需要使用浏览器。

市场上浏览器种类众多，其内核也各不相同。内核即 rendering engine，也常称为"渲染引擎""排版引擎""解释引擎"等，顾名思义，浏览器就是通过它的渲染引擎来渲染网页的内容，把内部的代码转化为用户可见的视图。下面简要介绍几个主流浏览器的内核。

1．Chrome

现在 Chrome 使用的内核是 Blink。相对于 Chrome 浏览器以前使用的内核 WebKit 来说，Blink 精简了代码，安全性也有所提升。

2．IE 系列

由于 Windows 系统的关系，IE 浏览器的市场份额一直很大，使用的内核也一直以来都为 Trident。Trident 是一款开放的内核，市场还有很多采用 IE 内核但非 IE 浏览器的壳浏览器出现，如 360 浏览器（双核）、搜狗浏览器等。IE 6、IE 7、IE 8（Trident 4.0）、IE 9（Trident 5.0）、IE 10（Trident 6.0）使用的都是 Trident 内核，但 IE 浏览器从版本 11 开始初步支持 WebGL 技术。

3．Firefox

Firefox 浏览器使用的内核为 Gecko，Gecko 是一款代码完全公开的内核，而 Firefox 也是一个被广泛使用的浏览器。

其他常见的浏览器还有 Safari、Opera 和 360 等。由于常见的浏览器内核（或者说渲染引擎）各不相同，而其内核对网页编写语法的解释也各不相同，进而导致同一个页面在不同内核的浏览器下显示出来的效果也有所出入，这也是前端工程师需要让网页兼容各种浏览器的原因。

> 拓展：为什么一直以来都没有国产浏览器内核，研发一个究竟有多难？自主研发浏览器内核成本高、难度大。如今一个浏览器代码接近 2400 万行，从项目规模来说，已经接近半个操作系统了。以目前市场占有率最大的谷歌 Chromium 内核为例，Google 曾调动超过 1000 个硅谷的程序员集中力量去开发 Chromium 内核的浏览器，从 2008 年算，至今也已超过 10 年。期望国内具有同等实力的公司去开发国产浏览器内核！

1.4.5　浏览器使用方法

以 360 安全浏览器使用为例，具体方法如下。

1．下载安装 360 浏览器

用 Windows 操作系统自带的 IE 浏览器，查找并下载官网最新版本的 360 安全浏览器，并完成安装。该浏览器与 IE 浏览器在软件内核方面有较大差异，且功能更强。当然，Windows 操作系统自带的 IE 浏览器本身也可以满足一般上网的要求。

2．打开 360 浏览器

使用鼠标双击桌面的 图标，可打开 360 浏览器，首页即有许多常用网站和新闻信息的链接。

3．用 360 浏览器检索信息

在浏览器顶部的网址栏中，可以直接把要查找的网址粘贴进去，按 Enter 键就可以检索到信息；如果没有网址，浏览器中有一个搜索框，输入要查找的关键词，单击"搜索"按钮或者按 Enter 键即可获得包含相关信息的网页链接；另外，浏览器菜单栏上面也有一个搜索框，搜索效果是一样的。

4．设置 360 浏览器的参数

单击浏览器顶部最右侧的工具按钮，选择"设置"命令，可以根据自己的需要做一些参数调整。

1.5　本　章　小　结

本章学习了常见的计算机类型、台式机的主要软件和硬件系统，认识了 USB 接口基本原理，介绍了 U 盘的使用方法；从台式机组装、BIOS 设置方法进行了简单的实践操作训练；还简要介绍了常用应用软件的安装和浏览器的使用方法。

通过本章的学习，希望读者能对计算机的硬件与软件有初步认知。

1.6　思　考　与　练　习

（1）上网查阅资料，了解目前我国超级计算机与国外超级计算机的性能差异。

（2）上网查阅资料，了解如何从性能和容量的角度购买一个性价比高的 U 盘。

（3）在 BIOS 的管理界面，如何打开或关闭 USB 端口、为硬盘设置密码？

（4）按"实训 1"的要求，在 BIOS 的管理界面查看和设置系统的启动盘顺序，并设置从 U 盘启动系统，之后再恢复从硬盘启动系统。

（5）按"实训 2"的要求，了解个人电脑的硬件配置、操作系统版本等情况，用浏览器查看 QQ 官网，下载最新版本的 QQ 软件，并进行安装；用浏览器搜索本校（肇庆学院）的官网，并登录本校主页。

第 2 章　电子元器件与电路板手工锡焊

学习目标

- ☑ 了解电子工艺实践操作安全知识。
- ☑ 认识常见的几种电子元器件。
- ☑ 掌握电子工艺实践常用工具和仪器使用方法。
- ☑ 掌握手工锡焊的基本技术。

学习任务

完成下面的认知和实训任务，记录学习过程中遇到的问题，并在实训中通过动手实践去努力解决问题。

- ☑ 认知 1：常用电子元器件及手工锡焊工具。
- ☑ 认知 2：LED 显示电路及手工锡焊工艺。
- ☑ 实训 1：用万用表测量电压和电子元器件。
- ☑ 实训 2：专用电路板练习区 LED 手工锡焊。
- ☑ 实训 3：专用电路板 8×8 点阵 LED 手工锡焊。

2.1　常用电子元器件及手工锡焊工具

2.1.1　电子工艺实践安全常识

电子工艺实践中的安全常识主要涉及用电操作、机械操作和高温操作 3 个方面，在实践过程中必须引起高度的重视。

1．用电操作安全

尽管电子工艺实践过程中一般的操作都是"弱电"工作，但实际操作仍然存在触碰到 220V 交流电（即"市电"）而造成触电的可能。例如，电烙铁、直流稳压电源等都是直接通过插座连接市电的，如果触碰到插座标注为"L"的火线，可能会造成安全事故。因此，需要做好以下安全保护。

1）电子工艺实验室安全保护措施

实验室电源应符合电气安全标准；实验室总电源上应装有漏电保护开关；应使用符合安全要求的低压电器（包括电线、电源插座、开关和仪器仪表等）；电子工艺实践的工作台上应有便于操作的电源开关；实验室应张贴用电安全操作规程，并在实验过程中加以督促落实。

2）电子工艺实践过程中养成安全用电习惯

人体需要接触任何用电装置和设备前，应先断开市电电源，即要真正脱离电源系统（如拔下电源插头、断开闸刀开关或断开电源连接），而不能仅是断开设备的电源开关；在测试、连接市电线路时，应采用单手操作；在可能会意外触碰到市电线路的情况下，应预先穿好绝缘鞋或者站在绝缘物上（如橡胶板或干燥的木制品）；在可能会意外触碰到市电线路的情况下，要防止从高空坠落，因为万一触电而使肌肉产生痉挛，摔伤也许比触电本身更严重；触及连接市电的金属外壳装置之前都应使用试电笔进行安全测试。

2. 机械操作安全

电子工艺实践的机械操作比一般的机械加工操作要少得多，但是如果放松警惕、违反实验室安全操作规程，仍然会存在安全隐患。例如，镊子头部很尖锐，要防止误伤自己或别人；又如，使用螺丝刀紧固螺钉时可能会打滑伤及自己的手；再如，用斜口钳剪线或剪切元器件的管脚引线时，金属断线可能会飞射伤到眼睛等。

其实，电子工艺实践虽然存在这些可能的安全隐患，但只要我们严格遵守安全操作规程、强化安全保护意识，这些是完全可以避免的。

3. 高温操作安全

高温操作在电子工艺实践中不可避免，这种高温操作主要出现在使用锡焊工具的时候，因为一般烙铁头表面的温度可达 400℃甚至更高，熔化的焊锡一般温度也超过 200℃，同时，那种热风焊机的出风口温度一般为 200～350℃。为避免高温操作可能出现的烫伤，在实践中要注意下面几点。

1）防止被电烙铁或热风焊机出风口烫伤

电烙铁或热风焊机是电子工艺实践的必备工具，放置或操作不当会导致人体直接接触而造成烫伤。例如，实践中电烙铁应放置在烙铁架上，烙铁架一般应放置在工作台的右前方。当想了解电烙铁头的当前温度时，可以直接观察电烙铁主机显示的当前温度，或将烙铁头接触松香助焊剂，观察其熔化状况，如果迅速熔化则表示当前处于高温，千万不要直接用手触摸烙铁头。

2）防止熔化状态的焊锡触及人体造成烫伤

使用电烙铁时一定要按照操作规程进行，电烙铁上多余的焊料不允许乱甩；焊接某点或拆开焊点时，眼睛不要离焊点太近，要保持 30cm 以上的安全距离。

3）防止接触电路元器件的高温部分造成烫伤

某一电路正常工作时，其中的某些元器件可能始终处于高温状态。例如，某些变压器、功率器件、电阻、散热片等表面温度可能超过 50℃，在通电状态下触及这些元器件不仅可能造成烫伤，还可能触电。因此，在通电状态下建议不要触及电路板任何部位。

 拓展： 电子工艺实践涉及用电操作、机械操作和高温操作 3 个方面的安全问题，在实践中既要在技术上大胆探究，又要在细节方面善于观察，掌握操作的技巧，确保安全。

2.1.2　万用表及其使用方法

常用的万用表有指针式和数字式两种。指针万用表是以机械表头为核心部件构成的多功能测量仪表，所测数值由表头指针指示读取；数字万用表所测数值由液晶屏幕直接以数字的形式显示，同时还带有某些声音提示功能。指针万用表的读数精度较数字万用表稍差，但指针摆动的过程比较直观、明显，其摆动速度和幅度有时也能比较客观地反映被测量值的大小和方向；数字万用表的优势表现在灵敏度高、准确度高、显示清晰、过载能力强、便于携带以及使用更简单等方面。下面分别做简要介绍。

1．指针万用表

指针万用表主要由表头、转换开关（又称"选择开关"）、表笔等 3 个部分组成，如图 2-1所示，其表头是测量的显示装置（实际上是一个灵敏电流计），其转换开关用来选择被测电量的种类和量程（或倍率），使用方法具体如下。

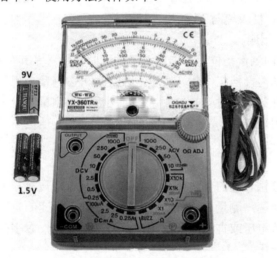

图 2-1　指针万用表外形

1）测量前

（1）应将万用表水平放置，以免造成误差。

（2）要正确接线。红表笔与"+"极性插孔相连，黑表笔与"-"（或 COM）极性插孔相连。

（3）要选择正确的测量挡位。不能在测量的同时换挡（尤其是在测量高电压时），否则可能损坏万用表。如需换挡应先断开表笔，换挡后再去测量。测量时如果不确定被测数值范围，应先将转换开关转至对应的最大量程，然后根据指针的偏转程度逐步减小至合适的量程。

2）测量时

注意不能用手去接触表笔的金属部分。测量电压时应将转换开关置于相应的电压挡，表笔并联在被测电路两端；测量电流时应将转换开关置于相应的电流挡，表笔串联在被测电路中。如果是测量直流电压或直流电流，还应注意正、负极性，以免指针反转。

3）测量完成后

一般应将转换开关置于最高交流电压挡；如果有空挡（"*"或 OFF），则应拨至该挡。

4）万用表长期不用时

应将表内电池取出，以防电池电解液渗漏而腐蚀万用表内部电路。

2．数字万用表

数字万用表外形类似指针万用表，也是由表头、转换开关（又称"选择开关"）、表笔等 3 个部分组成，如图 2-2 所示，其功能也与指针万用表类似，具体使用方法如下。

1）测量前

（1）应将万用表水平放置，以免造成误差。

（2）要正确接线。红表笔与 V/Ω 极性插孔相连，黑表笔与 COM 极性插孔相连。

图 2-2　数字万用表外形

（3）要选择正确的测量挡位。不能在测量的同时换挡（尤其是在测量高电压时），否则可能损坏万用表，如需换挡应先断开表笔，换挡后再去测量。测量时如果不确定被测数值范围，可先将转换开关转至对应的最大量程，然后根据测量时表头的读数选择合适的量程。若超过量程，万用表表头会在最高位显示数字"1"，其他位不显示，提示要选择更高的量程。

2）测量时

注意不能用手去接触表笔的金属部分。测量电压时应将转换开关置于相应的电压挡，表笔并联在被测电路两端；测量电流时应将转换开关置于相应的电流挡，表笔串联在被测电路中。如果测量直流电压或直流电流时正、负极性接反了，数字会显示为负值，不会像指针万用表那样容易损坏。

3）测量完成后

一般应将转换开关置于 OFF 挡，并关闭万用表的电源开关。

4）万用表长期不用时

应将表内电池取出，以防电池电解液渗漏而腐蚀万用表内部电路。

拓展：指针万用表和数字万用表各有其优点。例如，指针万用表观察电容充放电过程比数字万用表更加直观；而数字万用表比指针万用表读数更直观，且在使用过程中数字万用表的电路自我保护功能更强大。这就如"天生我材必有用"，每个人各有其长处，都一定能在社会中找到一个适合于自己的岗位。

2.1.3　常见的几种电子元器件

常见的电子元器件有电阻、电容、电感、变压器、晶体二极管、晶体三极管、光电器件、集成电路等，下面逐一做简单介绍。

1．电阻

电阻分为固定电阻和可变电阻，其电路符号如图 2-3 所示。它在电路中起分压、分流或限流等作用，是一种应用非常广泛的电子元件。

电阻的种类很多，按组成材料可分为碳膜、金属膜、合成膜和线绕等电阻，较大功率的电阻在电路图中采用不同的符号表示，如图 2-4 所示。

图 2-3　固定电阻和可变电阻的电路符号　　　图 2-4　大功率电阻的电路符号

可变电阻是指电阻在规定范围内连续可调的电阻，又称电位器。可变电阻的种类很多，按调节方式可分为旋转式（或转柄式）和直滑式；按联数可分为单联式和双联式；按有无开关可分为无开关和有开关两种；按阻值输出函数特性可分为线性（A 型）、指数式（B 型）和对数式（C 型）电位器。图 2-5 为电阻和电位器的常见外形示例。

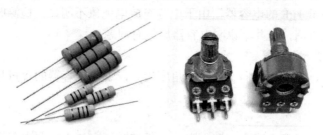

图 2-5　电阻和电位器外形示例

可变电阻的好坏可通过直接观看引线是否折断、电阻体是否烧焦等做出判断，也可先选取万用表合适的电阻挡，用表笔分别连接电位器的两个固定端，测出的阻值即为电位器的标称阻值；然后将两表笔分别接电位器的固定端和活动端，缓慢转动电位器的轴柄，电阻值应平稳地变化，如发现有断续或跳跃现象，说明该电位器接触不良。

2．电容器

电容器是一种储能元件，也是组成电子电路的基本元件之一，电容器的电路符号如图 2-6 所示，从左至右分别为无极性电容、电解电容、双连可变电容器和微调电容器的符号。在电子电路中起到耦合、滤波、隔直流、调谐等作用。

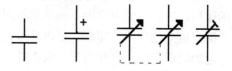

图 2-6　电容器的常见电路符号

电容器按结构可分为固定电容器、可变电容器和微调电容器；按绝缘介质可为空气介质电容器、云母电容器、瓷介电容器、涤纶电容器、聚苯乙烯电容器、金属化纸介电容器、电解电容器、玻璃釉电容器、独石电容器等，图 2-7 为其外形示例。

判断与检测电容器质量时，用普通的指针万用表判断电容器的质量、电解电容器的极性比较方便，并能定性比较电容器容量的大小，具体方法如下。

图 2-7　电容器常见外形示例

1）好坏判定

使用万用表×1k 电阻挡，将表笔接触电容器（容量须在 1μF 以上）的两引脚，接通瞬间，表头指针应向顺时针方向偏转，然后逐渐逆时针回复，如果不能复原，则稳定后的读数就是电容器的漏电电阻，阻值越大表示电容器的绝缘性能越好；若在上述检测过程中表头指针无摆动，说明电容器开路；若表头指针向右摆动的角度大且不回复，说明电容器已击穿或严重漏电；若表头指针保持在 0Ω 附近，说明该电容器内部短路。

对于电容量小于 1μF 的电容器，由于电容充放电现象不明显，检测时表头指针偏转幅度很小或根本无法看清，但并不说明电容器质量有问题。

2）容量判定

检测过程同上，表头指针向右摆动的角度越大，说明电容器的容量越大，反之则说明容量越小。

3）极性判定

电解电容器正接时漏电流小、漏电阻大，反接时漏电流大、漏电阻小，由此可判断其极性。将万用表转换开关置于×1k 电阻挡，先测一下电解电容器的漏电阻值，而后将两表笔对调一下，再测一次漏电阻值。两次测试中，漏电阻值小的那次，红表笔接的是电解电容器的正极，黑表笔接的是电解电容器的负极。

3．电感

电感在电路中主要起到滤波、振荡、延迟、陷波的作用。形象地说，它有"通直流"的作用，即在直流电路中，电感的作用就相当于一根导线，不起任何作用；另外，它又有"阻交流"的作用，即在交流电路中，电感有阻抗，会使电路的电流变小，从而对交流有一定的阻碍作用。电感的常见电路符号如图 2-8 所示。

空心电感器　　　　磁心或铁芯电感器　　　　磁心可调电感器

图 2-8　常见电感的电路符号

电感的种类很多，按电感的形式可分为固定电感和可变电感；按导磁性质可分为空芯电感和磁芯电感；按工作性质可分为天线电感、振荡电感、低频扼流电感和高频扼流电感；

按耦合方式可分为自感应和互感应电感；按绕线结构可分为单层电感、多层电感和蜂房式电感等。其常见外形如图 2-9 所示。

图 2-9　电感外形示例

电感的主要技术参数如下。

1）电感量

电感量也称为自感系数，符号表示为 L，是表示电感元件自感应能力的一种物理量，线圈电感量的大小与线圈直径、匝数、绕制方式及磁芯材料有关。

2）品质因数

品质因数也称作 Q 值，是指线圈在一个周期中储存能量与消耗能量的比值，它是表示线圈品质的重要参数。它的大小取决于线圈电感量、等效损耗电阻、工作频率。Q 值越高，电感的损耗越小，效率就越高。但 Q 值的提高往往会受到一些因素的限制，如线圈导线的直流电阻、骨架和浸渍物的介质损耗、铁心和屏蔽罩的损耗以及导线高频趋肤效应损耗等。

3）分布电容

线圈的每一匝与匝之间、线圈与地之间、线圈与屏蔽盒之间以及线圈的层与层之间都存在着电容，这些电容统称为线圈的分布电容。分布电容的存在会使线圈的等效总损耗电阻增大，品质因数（Q 值）降低。

4）额定电流

额定电流是指允许长时间通过线圈的最大工作电流。

5）稳定性

电感线圈的稳定性主要指参数受温度、湿度和机械振动等影响的程度。

4. 变压器

变压器按使用的工作频率不同可以分为高频、中频、低频、脉冲变压器等。高频变压器一般在收音机和电视中作为阻抗变换器，如收音机的天线线圈等；中频变压器常用于收音机和电视机的中频放大器中；低频变压器的种类很多，如电源变压器、音频变压器、线间变压器、耦合变压器等；脉冲变压器则用于脉冲电路中。

变压器按其磁芯不同，可分为铁芯（硅钢片）变压器、磁芯（铁氧体芯）变压器和空气芯变压器等几种。铁芯变压器用于低频及工频电路中，而铁氧体芯或空气芯变压器则用于中、高频电路中。变压器按防潮方式可分为非密封式、灌封式、密封式等 3 种变压器。常见的变压器电路符号如图 2-10 所示。

铁氧体芯变压器　　　铁氧体芯微调变压器　　　用屏蔽隔离的铁芯双绕组变压器　　　抽头变压器

图 2-10　常见变压器的电路符号

1）变压器的技术参数

变压器的主要技术参数如下。

（1）额定功率。额定功率是指在规定的频率和电压下，变压器能长期工作而不超过规定温度的输出功率。变压器输出功率的单位用瓦（W）或伏安（V·A）表示。

（2）变压比。变压比是指变压器的次级电压与初级电压的比值，或次级绕组匝数与初级绕组匝数的比值。

（3）效率。效率为变压器的输出功率与输入功率的比值。

（4）温升。温升主要是指线圈的温度。当变压器通电工作后，其温度上升到稳定值时比周围环境温度升高的数值。

除此以外，还有绝缘电阻、空载电流、漏电感、频带宽度和非线性失真等参数。

2）变压器的常见故障

变压器的常见故障有开路和局部短路两种。

（1）开路。变压器开路是由线圈内部断线或引出端断线引起的。引出端断线是常见的故障，仔细观察即可发现。如果是引出端断线，则可以重新焊接，但若是内部断线，则需要更换或重绕。此故障可用万用表欧姆挡测量电阻进行判断。一般中、高频变压器的线圈匝数不多，其直流电阻很小，在零点几欧姆至几欧姆之间，随变压器规格而异；音频和中频变压器由于线圈匝数较多，直流电阻较大。

（2）局部短路。变压器的直流电阻正常并不能表示变压器就完好无损，如电源变压器有局部短路时对直流电阻影响并不大，但变压器不能正常工作，此时可通过空载通电进行检查，方法是切断电源变压器的负载，接通电源，如果通电 15～30min 后温升正常，说明变压器正常；如果空载温升较高（超过正常温升），说明内部存在局部短路现象。

5．二极管

1）二极管的特性

二极管的基本特性就是单向导电性，即在电路中，电流只能从二极管的正极流入，从负极流出。常见二极管的电路符号如图 2-11 所示。

| 普通二极管 | 稳压二极管 | 发光二极管 | 光电二极管 |

图 2-11　常见二极管的电路符号

2）二极管的分类

（1）按结构分，二极管可分为点接触型和面接触型两种。点接触型二极管的结电容小，正向电流和允许加的反向电压小，常用于检波、变频等电路；面接触型二极管的结电容较大，正向电流和允许加的反向电压较大，常用于整流电路。面接触型二极管中用得较多的一类是平面型二极管，平面型二极管可以通过更大的电流，在脉冲数字电路中用作开关管。

（2）按材料分，二极管可分为锗二极管和硅二极管。锗管与硅管相比，具有正向压降小（锗管 0.2～0.3V，硅管 0.5～0.7V）、反向饱和漏电流大、温度稳定性差等特点。

（3）按用途分，二极管可分为普通二极管、整流二极管、开关二极管、发光二极管、变容二极管、稳压二极管、光电二极管等。

常见二极管的外形很多，如图 2-12 所示的二极管，左边的是发光二极管，观察其内部可以发现，正极比较窄，负极比较宽；右边的是整流二极管，其中体积较大的允许通过的电流也较大。

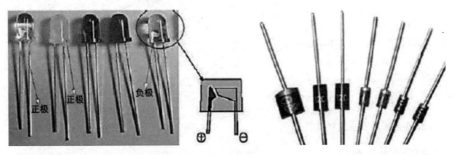

图 2-12　二极管外形示例

3）二极管的主要技术参数

（1）最大整流电流 I_{FM}，是指在长期使用时，二极管能通过的最大正向平均电流值。通过二极管的电流不能超过最大整流电流值，否则会烧坏二极管。锗二极管的最大整流电流一般在几十毫安以下，硅二极管的最大整流电流可达数百安。

（2）最大反向电流 I_R，是指二极管的两端加上最高反向电压时的反向电流值。反向电流大，则二极管的单向导电性能差，这样的管子容易烧坏，整流效率也差。硅二极管的反向电流一般在 1mA 以下，锗二极管的反向电流一般比硅二极管大一些。

（3）最高反向工作电压 U_{RM}，是指二极管在使用中所允许施加的最大反向峰值电压，它一般为反向击穿电压的 1/2～2/3。锗二极管的最高反向工作电压一般在数十伏以下，而硅二极管的最高反向工作电压可达数百伏。

4）二极管的一般检测方法

（1）用指针万用表×100 或×1k 电阻挡测其正、反向电阻。根据二极管的单向导电性可知，测得阻值很大时，与红表笔相接的一端为正极，另一端为负极。二极管的正、反电阻相差越大，说明其单向导电性越好。但若二极管正、反向电阻都很大，说明二极管内部开路；若二极管正、反电阻都很小，说明二极管内部短路。注意不能用×1 电阻挡（内阻小，电流太大）和×10k 电阻挡（电压高）测试，否则有可能会在测试过程中损坏二极管。

（2）数字万用表有专门测量二极管的挡位，测量原理与指针万用表类似，不再赘述。

6．三极管

三极管是信号放大和处理的核心器件，广泛用于各种电子产品中。

1）三极管的分类

三极管按 PN 结的组合方式可分为 NPN 和 PNP 两种类型，其电路符号如图 2-13 所示，

B 为基极，C 为集电极，E 为发射极。三极管最基本、最重要的特性是其具有电流放大作用，其实质是三极管能以基极电流微小的变化量来控制集电极电流较大的变化量。

按材料分，三极管可分为锗和硅晶体三极管；按工作频率分，可分为高频管和低频管；按功率分，可分为大功率管和小功率管。三极管外形种类也很多，如图 2-14 所示为一种常见的小功率三极管。

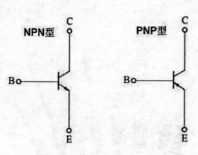

图 2-13　常见三极管的电路符号

图 2-14　常见的小功率三极管外形

2）三极管的主要参数

三极管的主要参数有电流放大系数、频率特性参数和极限参数。

（1）电流放大系数 β。三极管的电流放大系数也称为放大倍数，用来表示三极管的放大能力。它是三极管的主要参数之一，实际上是指集电极电流的变化量与基极电流的变化量之比。根据三极管工作状态的不同，电流放大系数又分为直流电流放大系数和交流电流放大系数。

直流电流放大系数是指在静态无变化信号输入时，三极管集电极电流与基极电流的比值；交流电流放大系数是指在交流状态下，三极管集电极电流变化量 ΔC 与基极电流变化量 ΔB 的比值。这两个参数值在低频时较接近，在高频时有一些差异。

（2）频率特性参数。随着工作频率的升高，三极管的放大能力将会下降，对应 $\beta=1$ 时的频率 f_T，称为三极管的特征频率。

（3）极限参数 I_{CM}，是集电极最大允许电流。三极管工作时，当它的集电极电流超过一定数值时，电流放大系数 β 将下降。为此，规定三极管电流放大系数 β 变化不超过允许值时的集电极最大电流称为 I_{CM}。在使用中，集电极电流超过 I_{CM} 还不至于损坏三极管时，会使 β 值减小，影响电路的工作性能。

（4）极限参数 BV_{CEO}，是三极管基极开路时，集电极-发射极反向击穿电压。如果在使用中加载集电极与发射极之间的电压超过这个数值，将可能使三极管击穿，三极管击穿后会造成永久性损坏或性能下降。

（5）极限参数 P_{CM}，是集电极最大允许耗散功率。在使用中，如果三极管在其功率大于 P_{CM} 情况下长时间工作，将会损坏三极管。

3）三极管的一般检测方法

（1）三极管类型和基极 B 的判别。判别时可将三极管看作一个背靠背的 PN 结，按照判断二极管的方法，可以判断出其中一极为公共正极或公共负极。对于 NPN 型管，公共正极是基极 B；对于 PNP 型管，则公共负极是基极 B。因此，判断出基极 B 是公共正极还是公共负极，即可知道被测三极管是 NPN 型还是 PNP 型。

（2）发射极 E 和集电极 C 的判别。利用万用表测量 β（hFE）值[①]的挡位，判断发射极 E 和集电极 C。将万用表挡位旋至 hFE，基极插入所对应类型的 B 孔中，把其余管脚分别插入同一类型的 C、E 孔，观察数据；然后再将 C、E 孔中的管脚对调后重新观察数据，数值大的那次测试说明管脚插对了。

7．光电器件

1）发光二极管

发光二极管是采用磷化镓（GaP）或磷砷化镓（GaAsP）等半导体材料制成的，能直接将电能转变为光能。发光二极管与普通二极管一样具有单向导电性，但它的正向电压较大（1.9V 左右），具有功耗低、体积小、色彩艳丽、响应速度快、抗震动、寿命长等优点，广泛用于电平指示器和电源指示器。常见发光二极管的电路符号如图 2-11 所示，其外形如图 2-12 所示。

发光二极管的正、负极可以通过查看引脚（长脚为正）或内芯结构来识别（见图 2-12）。检测发光二极管正、负极和性能时采用的方法与普通二极管相似，但也存在不同。例如，对于非低压发光二极管，由于其正向导通电压大于 1.8V，需要用指针万用表的×10k 电阻挡（此挡表内的电源为 9V 电池）测量其正反向电阻，或用数字万用表测量二极管的专门挡位测量。

2）光电二极管和光电三极管

光电二极管和光电三极管均为红外线接收管。这类管子能把光能转变成电能，主要用于各种控制电路，如红外线遥控、光纤通信、光电转换器等。

（1）光电二极管。光电二极管又叫光敏二极管，其构成和普通二极管相似，不同点在于管壳上有入射光窗口。它的工作状态有两种：一是当光电二极管加反向工作电压时，管子中的反向电流将随光照强度的改变而改变，光照强度越大，反向电流越大，大多数光电二极管都工作在这种状态；二是光电二极管上不加电压，利用 PN 结在受光照射时产生正向电压的原理，把它当作微型光电池，这种工作状态一般用作光电检测器。

因光电二极管的正向电阻约为 10kΩ，检测光电二极管时建议使用指针或数字万用表的×1k 挡。若在无光照情况下，反向电阻为∞（无穷大）；有光照时，反向电阻随光照强度的增加而减少，阻值可达几千欧姆或 1kΩ 以下，说明此管是好的。若正反向电阻都是无穷大或为零，则表明管子是坏的。

（2）光电三极管。光电三极管是由光的照射来控制电流的器件，可等效为一个光电二极管和一个三极管的组合，所以具有电流放大作用。它常用的材料是硅，一般只引出集电极和发射极，其外形和发光二极管相似，也有个别将基极引出的，作为温度补偿使用。光电三极管的简易测试方法如表 2-1 所示。

[①] 三极管的电流放大倍数通常称为 β 值，也叫作 hFE 值。万用表的 hFE 挡位就是用来测量三极管的电流放大倍数 β 值的。

表 2-1　光电三极管简易测试方法

万用表挡位	接　法	无　光　照	在白炽灯光照下
×1k 电阻挡	黑表笔接 C，红表笔接 E	电阻为∞	电阻随光照变化而变化，光照强度增大时，电阻变小，可达几千欧姆至 1kΩ
	黑表笔接 E，红表笔接 C	电阻为∞	电阻为∞
50μA 或 5mA 电流挡	电流表串联在电路中，工作电压为 10V	小于 0.3μA（用 50μA 挡）	电流随光照强度增大而变大，在零点几毫安至 5mA 之间变化（用 5mA 挡）

　　3）光电耦合器

　　光电耦合器以光为媒介，用来传输电信号，以实现"电→光→电"的转换。广泛用于电气隔离、电平转换、级间耦合、开关电路、脉冲放大、固态继电器和微型计算机接口电路中，其外形如图 2-15 所示。

　　光电耦合器通常是由一只发光二极管和一只受光控的光敏晶体管（常见为光敏三极管）组成的。一个芯片可能有多个光电耦合器，如图 2-16 所示为光电耦合器芯片常见的内部结构及引脚排列。

图 2-15　光电耦合器外形

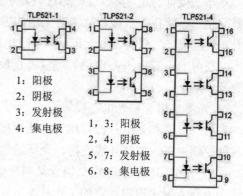

1：阳极
2：阴极
3：发射极
4：集电极

1，3：阳极
2，4：阴极
5，7：发射极
6，8：集电极

图 2-16　光电耦合器内部结构及引脚

　　光电耦合器工作时，其内部的光敏三极管导通与截止，是由其内部的发光二极管所加正向电压控制的。若发光二极管加上正向电压，发光二极管将有电流通过并发光，使光敏三极管内阻减小而导通；反之，若发光二极管未加正向电压或所加的正向电压很小，发光二极管中将无电流通过或通过的电流很小，此时二极管不发光或发光强度很弱，使光敏三极管的内阻增大而截止。通过电→光→电的过程实现了输入电信号与输出电信号的电隔离传输，可明显提高电路的抗干扰能力。

　　由于光电耦合器的发射管和接收管是独立的，因此可以用万用表分别进行检测。输入部分和检测发光二极管相同；输出部分与受光器件的类型有关。如果输出部分是光电二极管，则可按光电二极管检测方法测量；如果输出部分是光电三极管，则可按光电三极管的检测方法测量。

8. 集成电路

　　集成电路（integrated circuit，IC），或称微电路（microcircuit）、微芯片（microchip）、

芯片（chip），属于电子学中的一种微型电子器件。采用一定的工艺，把一个电路中所需的晶体管、二极管、电阻、电容和电感等元件及布线互连一起，制作在一小块或几小块半导体晶片或介质基片上，然后封装在一个管壳内，成为具有所需电路功能的微型结构。

1）集成电路的种类

（1）按制作工艺分，可分为半导体集成电路、薄膜集成电路、厚膜集成电路和混合集成电路 4 类。半导体集成电路中的电阻、电容、二极管和三极管等元件采用半导体工艺技术制作；薄膜、厚膜集成电路是在玻璃或陶瓷等绝缘基体上制作元器件，其中，薄膜集成电路膜厚度在 1μm 以下，而厚膜集成电路膜厚度为 1～10μm；混合集成电路是由半导体集成工艺和薄、厚膜工艺结合制作而成。

（2）按其功能分，可分为模拟集成电路和数字集成电路两大类。模拟集成电路包括直流运算放大器、音频放大器、模拟乘法器、比较器、A/D（或 D/A）转换器等；数字集成电路包括触发器、存储器、微处理器和可编程器件。其中，存储器包括随机存储器（RAM）和只读存储器（ROM）；可编程器件包括 EPROM（可编程只读存储器）、E2PROM（带电可擦写可编程只读存储器）、PLD（可编程逻辑器件）、EPLD（可擦写的可编程逻辑器件）、FPGA（现场可编程门阵列）等。可编程器件可用编程的方法实现系统所需的逻辑功能，既可缩短产品的设计周期，又可使数字系统的设计具有便捷性和灵活性，是集成电路发展的一种趋势。

（3）按集成度高低分，可分为 SSIC（small scale integrated circuits，小规模集成电路）、MSIC（medium scale integrated circuits，中规模集成电路）、LSIC（large scale integrated circuits，大规模集成电路）、VLSIC（very large scale integrated circuits，超大规模集成电路）、ULSIC（ultra large scale integrated circuits，特大规模集成电路）及 GSIC（giga scale integrated circuits，巨大规模集成电路）等 6 类。

拓展：设计芯片和生产芯片哪个难度更大？一个典型的例子是，华为和苹果都是世界上领先的芯片设计公司，但是这两家公司却不具备芯片制造生产能力；而世界上领先的芯片生产厂商台积电[①]又不具备设计能力。还有一个典型例子是芯片制造所需的光刻机，全球光刻机生产厂商本来就少，而顶级的 7nm 光刻机目前全球更是只有荷兰 ASML 一家可以生产。这部光刻机整合了全球上百家公司的 10 万个以上尖端零部件，几乎涉及各个领域的顶级技术。整个芯片生产的产业链条，每一个节点都是有相当难度的，整体上看，芯片生产要比芯片设计难度更大。

2）集成电路的封装材料及外形

最常用的封装材料有金属、陶瓷和塑料等 3 种。金属封装散热性好、可靠性高，但安装使用不方便、成本高，一般高精密度集成电路或大功率器件均以此形式封装；陶瓷封装散热性差，但体积小、成本低；塑料封装是目前使用最多的封装形式。集成电路的封装常见外形如图 2-17 所示。

[①] 台积电指台湾积体电路制造股份有限公司。

（a）　　　　　　（b）　　　　　　（c）

图 2-17　集成电路封装常见外形

注：（a）为双列直插式；（b）、（c）为扁平式。

3）集成电路的引脚识别

集成电路的引脚识别方法如图 2-18 所示，一般双列型的引脚按逆时针方向排列，单列型的引脚从左到右排列。

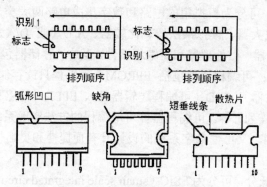

图 2-18　集成电路引脚识别

识别的具体方法如下。

（1）单列直插式封装（single in-line package，SIP）：将单列直插式封装的集成电路正面（印有型号商标的一面）朝上，以缺口、凹槽或色点作为引脚 1 的参考标记，引脚编号顺序一般从左到右排列。

（2）双列直插式封装（dual in-line package，DIP）：将双列直插式封装的集成电路引脚朝下，以缺口或色点等标记作为引脚 1 的参考标记，引脚编号顺序一般按逆时针方向排列。

2.1.4　电路手工锡焊的工具与技术

1. 手工锡焊的工具

手工锡焊是传统的焊接方法，虽然批量生产电子产品时较少采用手工焊接，但对电子产品的维修、调试中不可避免地还会用到手工焊接，焊接质量的好坏也直接影响到维修效果。手工锡焊是一项实践性很强的技能，在了解一般方法后，要多练、多实践。常用的手工焊接工具有电烙铁、焊锡丝、助焊剂、吸水海绵、吸锡器、镊子、斜口钳等。平时注意爱护工具，工作结束后将工具放回原位，下面介绍几种主要工具。

1）电烙铁

（1）电烙铁种类。电烙铁是利用电流的热效应制成的一种锡焊工具，有直热式、感应式、储能式和调温式等多种类型，烙铁头有弯头、直头和斜面等形式；电功率一般为 15～300W，依据焊件大小来选择不同功率的电烙铁。一般元器件的焊接以 20～60W 内热式电烙铁为宜，外形如图 2-19 所示；焊接集成电路等易损元器件时，可以采用储能式电烙铁，以防止静电损坏元器件；焊接大的焊件时，可用 150～300W 大功率外热式电烙铁。

（2）电烙铁最佳设置温度。小功率电烙铁的烙铁头温度一般在 300～400℃。表面贴装元件适合的温度为 325℃；直插电子元件适合的烙铁温度一般设置在 340～380℃，焊接大的元件引脚时温度不要超过 400℃，但可以增大烙铁功率。

（3）电烙铁的使用及保养注意事项主要有以下几点。

① 打开电源，大约十几秒后烙铁头就达到设定的温度。尽量使用烙铁头温度较高、受热面积较大的部分焊接，不用时立即将烙铁放回到托架上。

② 应先使用吸水海绵轻擦烙铁头，然后才开始焊接，避免焊锡四溅。

③ 烙铁头变黑时，应用细砂纸或锉刀除去烙铁头上的氧化层部分。

④ 工作结束时，应在烙铁头添加焊锡进行保护。烙铁头镀有焊锡，可以减少烙铁头氧化变黑，有效地延长烙铁头的使用寿命。

⑤ 焊接时，不要用力过大，更不能把烙铁头当作螺丝刀等工具使用。

⑥ 烙铁头中有传感器，传感器是由很细的电阻丝构成的，不要磕碰烙铁头以免损坏。

⑦ 换烙铁头时要先断电，待烙铁头温度冷却后才可更换。注意，千万不要用手直接碰触，以避免烫伤。

拓展： 可调温烙铁的烙铁头升温比较快，且使用方便。在锡焊过程中，如果锡焊需要暂停 1min 以上，可以考虑将烙铁头的温度调低，这样既能延长烙铁头的使用寿命，又可以节能。每个人都应树立节能的理念，且应从生活中的每一件小事做起。

2）焊锡丝和助焊剂

图 2-20 为焊锡丝和助焊剂外形示例。焊锡丝俗称焊锡，是锡焊的主要用料。焊接电子元器件的焊锡实际上是一种锡铅合金，由不同的锡铅比例制成的焊锡，其熔点温度也不同，一般为 180～230℃。手工焊接中最适合使用的是管状焊锡丝，焊锡丝中间夹有优质松香与活化剂，使用起来非常方便。管状焊锡丝有 0.5mm、0.8mm、1.0mm、1.5mm（直径）等多种规格，可以方便地选用。

图 2-19　内热式恒温电烙铁外形示例　　　图 2-20　焊锡丝和助焊剂外形示例

助焊剂是一种在受热后能对施焊金属表面起清洁及保护作用的材料。空气中的金属表面很容易生成氧化膜，这种氧化膜能阻止焊锡对焊接金属的浸润作用。适当地使用助焊剂可以去除氧化膜，具有润滑焊点、清洁焊点以及除去焊点中多余杂质的作用，使焊接质量更可靠，焊点表面更光滑、圆润。助焊剂有树脂系助焊剂（以松香为主）、水溶系助焊剂（如酸性焊膏）、松香酒精溶液、氯化锌水溶液等类型。

3）吸水海绵和吸锡器

吸水海绵如图 2-21 所示，其作用就是擦拭烙铁头上的残余焊锡和氧化物。擦拭烙铁头时，将烙铁头呈 45°向后拉，反复擦拭，看到烙铁头露出白亮底色时马上给烙铁头上锡。海绵应使用清水冲洗，不要用肥皂及各种洗涤剂搓洗。

🔊 **注意**：海绵要保持适当的干湿度，用水把海绵浸透后，用手挤出水分。

手工锡焊一般使用胶柄手动吸锡器，如图 2-22 所示，其里面有一个弹簧，使用时，先把吸锡器末端的滑竿压入，直至听到"咔"声，则表明吸锡器已被固定；然后用烙铁对焊接点加热，使焊接点上的焊锡熔化，同时将吸锡器靠近焊接点，按下吸锡器上面的按钮即可将焊锡吸走。若一次未能吸干净，可重复上述步骤，直至清理干净。

图 2-21　吸水海绵示例

图 2-22　胶柄吸锡器示例

4）镊子和斜口钳

如图 2-23 所示，分别为镊子（左）和斜口钳（右）的外形示例。手工锡焊时，镊子用来夹导线和电子元器件等细小零件，以辅助焊接，但使用镊子不能夹太重或太大的零件；斜口钳主要用于剪切导线及元器件多余的引线，还常用来代替一般剪刀剪切绝缘套管、尼龙扎带等。

除上述工具外，手工锡焊还会用到一些其他工具。例如，图 2-24 所示的试电笔（左）、剥线钳（中）、尖嘴钳（右）等，其功能用法不再赘述。

图 2-23　镊子和斜口钳示例

图 2-24　其他锡焊工具

注意：镊子头部很尖锐，用完后一定要把头部的保护橡胶管套在上面，防止无意中伤到别人。无论是当前的学习和生活，还是在将来的工作中，时刻都要有强烈的安全意识。

2. 手工锡焊技术

手工锡焊时，主要使用电烙铁来进行，操作者应先将要焊接的元器件在电路板上安装好，然后一手握电烙铁、一手拿焊锡丝进行焊接，如图 2-25 所示。

图 2-26 为手握电烙铁的一般方法，有正握（左）、反握（中）和握笔式（右）3 种。焊接元器件或维修电路时，以握笔式较为方便。

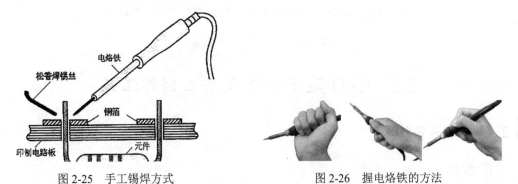

图 2-25　手工锡焊方式　　　　　　　图 2-26　握电烙铁的方法

注意：不管使用哪种握法，一定要注意，只能握在绝缘手柄部位，千万不能握在电烙铁的发热部位。在实训操作过程中，类似这样的安全隐患不少，完全依赖老师监督是不够的，还需要同学们互相提醒、互相帮助。实训的每个小组都是一个小团队，实训过程就是团队合作的过程。

手工锡焊的步骤如图 2-27 所示，采用五步法。

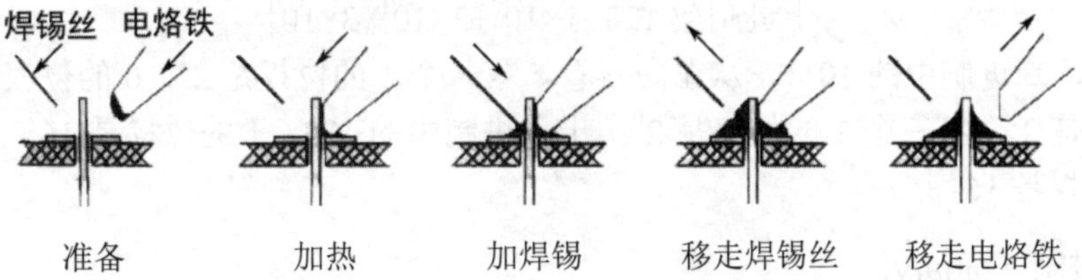

焊锡丝　电烙铁

准备　　　　加热　　　　加焊锡　　移走焊锡丝　移走电烙铁

图 2-27　手工锡焊五步焊接法

焊接时主要的注意事项如下。

1）准备焊接

先清洁被焊元件处的积尘及油污，再将被焊元器件周围的元器件轻轻左右掰开一点，让电烙铁头可以触到被焊元器件的焊接处，以免烙铁头伸向焊接处时将其他元器件烫坏。焊接新的元器件时，应使用电烙铁对元器件的引线镀锡。

2）加热焊接

将沾有少许焊锡和松香的电烙铁头接触被焊元器件约几秒钟。若是要拆下电路板上的元器件，则应待烙铁头加热焊点且焊锡熔化后，用手或镊子轻轻取下元器件。

3）清理焊接面

若所焊部位焊锡过多，可将电烙铁头上的焊锡轻轻甩掉（注意不要烫伤自己或他人，也不要甩到电路板上），再用电烙铁头从焊点处"沾"走一些锡，反复多次；若焊点焊锡过少、不圆滑时，可以用电烙铁头"蘸"些焊锡，对焊点进行补焊。

4）检查焊点

看焊点是否圆润、光亮、牢固，并观察是否有与周围元器件错误连焊的现象。标准焊点与不良焊点的比较如图 2-28 所示。

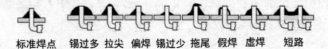

图 2-28　标准焊点及不良焊点对比

2.2　LED 显示电路及手工锡焊工艺

2.2.1　数制预备知识

1. 数制

数制也称为"计数制"，是用一组固定的符号和统一的规则来表示数值的方法。任何一个数制都包含两个基本要素：基数和位权。

基数是指数制所使用数码的个数。例如，十进制的基数为 10；二进制的基数为 2；十六进制的基数为 16。

位权是指数制中某一位上的 1 所表示数值的大小（所处位置的价值）。例如，十进制的 123，1 的位权是 10^2，2 的位权是 10^1，3 的位权是 10^0，即：

$$十进制数 123=1\times10^2+2\times10^1+3\times10^0$$

类似地，二进制中的 1011，从左向右看，第一个 1 的位权是 2^3，0 的位权是 2^2，第二个 1 的位权是 2^1，第三个 1 的位权是 2^0；十六进制中的 123，1 的位权是 16^2，2 的位权是 16^1，3 的位权是 16^0。

2. 二进制（binary）

二进制是计算技术中广泛采用的一种数制。二进制数用 0 和 1 两个数码来表示，结尾用符号 B 标记。它的基数为 2，进位规则是"逢二进一"，借位规则是"借一当二"。二进制数转为十进制数的方法十分简单，仅需"按权展开求和"。例如，二进制数 1101B 转换为十进制数的过程如下：

$$1101B=(1101)_2=1\times2^3+1\times2^2+0\times2^1+1\times2^0=13$$

3. 十六进制（hexadecimal）

计算机指令代码和数据的表示还经常要使用十六进制数。在十六进制中，用 0～9 和 A～F（或 a～f）共 16 个数码和字符来描述。计数规则是"逢十六进一"。

十六进制数的结尾用符号 H 或者开头用 0x 标记。十六进制数转换成二进制数时，只要让每一位十六进制数转换成 4 位二进制数即可。例如，十六进制数 90H，其中的 9 代表二进制数 1001，0 代表二进制数 0000，因此，其转换结果为如下二进制数：

$$90H=0x90=10010000B$$

☆ **拓展**：人们最熟悉的数制是十进制，在计算机系统中采用的数制是二进制，而人们在计算机指令代码和数据的书写中经常使用的数制又是十六进制。数制概念是人类科学和智慧的结晶之一，有了数制，人们可以根据应用场合的需要，对同一个数采用不同的表达方式。

2.2.2　专用电路板练习区 LED 的颜色布局设计

1．练习区的电路原理简介

LED（light emitting diode，发光二极管）属于二极管，因此，它也具有单向导电的特性。本教材实训的专用电路板如图 2-29 所示，图中展示了 LED 及排针均已焊接完成的电路板外形。

练习区（白色矩形框范围）分为左右 2 个 4×5 的 LED 显示电路，左右两边的所有 LED 各自共用 1 个负极，左右两边的每一行各自共用 1 个正极。电路原理如图 2-30 所示。

图 2-29　已完成焊接的专用电路板

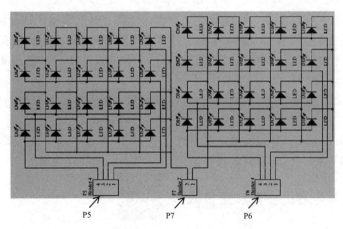

图 2-30　专用电路板练习区电路原理

💡 **提示**：电路板中采用的 LED，其正极与负极之间应加 1.9±0.1V 的直流电压，电压太高可能会烧毁 LED，电压太低则可能导致 LED 不发光。

2．练习区 LED 的颜色布局设计

对图 2-31 所示的专用电路板练习区进行焊接时，应先做好设计，以 LED 的颜色来对

专业、班级和学号进行二进制编码，以便教师评价焊接成绩。

图 2-31　专用电路板练习区

以计算机科学与技术专业 2 班，学号 35 号为例，设专业代号为 1，则可对应图 2-31，做如表 2-2 所示的编码布局设计，针对该表的详细说明如下。

表 2-2　LED 颜色布局设计

布　　局	左　　侧					右　　侧				
第 1 行	黄	黄	黄	黄	黄	黄	黄	黄	黄	黄
第 2 行	黄	黄	黄	黄	黄	黄	黄	黄	黄	黄
第 3 行	绿	绿	绿	红	黄	黄	绿	绿	红	红
第 4 行	绿	绿	红	绿	黄	黄	绿	红	绿	红

1）编码间隔标志

电路板练习区的上面 2 行和中间 2 列作为编码间隔标志，设计 LED 颜色为"黄"的。

2）编码设计示例

设 LED 颜色为"绿"时代表"0"，LED 颜色为"红"时代表"1"。这样，就可以按二进制编码表示每位同学的专业、班级和学号信息。例如，可以将第 3 行左边前 4 个 LED 编码为"0001"表示专业代号 1，第 4 行左边前 4 个 LED 编码为"0010"表示班级号 2；第 3 行右边后 4 个 LED 编码为"0011"表示学号的十位 3，第 4 行右边后 4 个 LED 编码为"0101"表示学号的个位 5。

锡焊时可参考上述布局设计模式进行锡焊。当然，也可以自己另行布局设计编码。

💡提示：以班为单位统一布局设计，这样便于从 LED 颜色布局的编码规律，区分该锡焊
　　　作品属于哪一位同学完成的作品。

2.2.3　识别电解电容的参数和正负极

电解电容器的工作电压一般为 4V、6.3V、10V、16V、25V、35V、50V、63V、80V、100V、160V、200V、300V、400V、450V 和 500V 等，工作温度为−55～+155℃，特点是容量大、体积大、有极性，一般用于直流电路中，可起到滤波、整流等作用。目前最常用的电解电容器有铝电解电容器和钽电解电容器。

1．标称电容量

电容器标称容量的基本单位是法拉（F），但是，这个单位太大，在实际标注中很少采

用。常用容量单位与法拉的关系如下：

1F=1000mF，1mF=1000μF，1μF=1000nF，1nF=1000pF。

2．额定电压

电容器的额定电压也称为耐压，指在额定环境温度下可连续加在电容器上的最高直流电压有效值，一般直接标注在电容器外壳上，如果工作电压超过电容器的耐压，电容器很可能会被击穿，造成不可修复的永久性损坏。

此处表示负极"-"

3．正负极识别

如图 2-32 所示，白色区域有负号 "-"，其对应的管脚为负极，而另一脚为正极。

图 2-32　电解电容实物

2.2.4　专用电路板练习区的手工锡焊

1．练习区锡焊前准备

在专用电路板练习区开始锡焊前，应先参照 2.2.2 节所述的 LED 颜色布局设计做好焊接前准备。

焊接时，还要学会区分 LED 发光二极管的正负极。区分的方法有 3 种：一是看管脚的长短，长的为正极，短的为负极；二是当管脚已被剪切过时，可观察 LED 内部的构造，正极与负极有明显区别，如图 2-12 所示；三是当 LED 内部构造看不太清楚时，可用万用表进行测量。以使用数字万用表测量为例，具体测量步骤如下。

（1）选择万用表二极管挡位。

（2）连接表笔。红表笔与 V/Ω 极性插孔相连，黑表笔与 COM 极性插孔相连。

（3）第 1 次测量。红表笔接 LED 某一管脚，黑表笔接 LED 的另一管脚。此时，如果万用表发出蜂鸣声、LED 发出微光，说明红表笔接的是 LED 的正极，黑表笔接的自然就是负极。

（4）第 2 次测量。如果看不到第 3 步所述的现象，说明接反了，对调表笔后重新测量，此时应该可以出现第 3 步所述现象。如果还是没有反应，说明 LED 管子已损坏，需要更换。

注意：焊接之前提前 10～20s 打开电烙铁电源，让电烙铁预热至温度 360℃±20℃，温度不能设置得过高，否则不仅浪费电能，而且影响电烙铁的使用寿命。

2．练习区手工锡焊步骤

1）反向安装电路板 4 个角上的支撑柱

暂时将支撑柱安装在元件面，支撑柱的紧固螺丝安装在焊接面，如图 2-33 所示。这是为了在焊接 LED 时可以参考支撑柱高度，保持 LED 焊接时在同一平面，更加整齐美观。

2）焊接排针

在专用电路板练习区的对应位置焊接 P5（4 位排针）、P6（4 位排针）、P7（2 位排针）。

排针的短脚从电路板正面插入电路板焊孔中，并在电路板反面用电烙铁焊接好排针，建议P5、P6选红色排针（代表LED公共正极），P7选黑色排针（代表LED公共负极）。

🔊 **注意：** 为通电测试练习区LED是否能正常发光，建议P5的4个针脚用焊锡连接起来，P6的4个针脚用焊锡连接起来，P7的2个针脚也用焊锡连接起来。

焊接时，可使用图2-34所示的高密度泡沫板作为垫板辅助焊接，焊接更加方便。后续焊接均建议用此泡沫板作为辅助焊接的垫板。

图2-33　4个支撑柱焊接前的反向安装示意

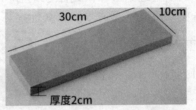
图2-34　辅助焊接的高密度泡沫垫板

3）焊接左边第1列4个LED

（1）在电路板正面的第1列（即D65～D68）插入4个LED（注意LED颜色要与布局设计一致）。插入时注意LED正极管脚插入电路板圆形图标内的方形焊孔中，LED负极管脚插入圆形图标内的圆形焊孔中。LED管脚不要插到底，以电路板正面仍可以看到管脚1～2mm为佳。

（2）将电路板正面（元件面）压在泡沫板上，以保证LED高度平齐，然后在电路板反面（焊接面）进行焊接。

① 用电烙铁在已插入的4个LED任一管脚上加少许焊锡，将其初步固定。

② 用斜口钳剪掉LED两管脚的多余部分，保留管脚伸出电路板的长度约为2mm即可。

③ 调整LED高度，使各LED齐平，用电烙铁焊接好每一个LED的正、负极管脚。

（3）通电测试第1列4个LED，看是否均能正常发光，测试方法如下。

打开直流稳压电源，将输出电压调节至1.9V±0.1V；将直流电源正极（红色夹子）接电路板P5的任意一个插针，直流电源负极（黑色夹子）触碰电路板P7的任意一个插针，如图2-35所示，若刚焊接的4个LED均能正常发光，说明焊接正确，否则要检查不能发光的LED，看其是否存在正负极接反或已损坏的问题，有问题时要进行更换。

4）焊接左边第2～5列LED

按第3）步的方法，逐列焊接好左边的1～5列LED。注意每焊接一列，都要通电检测LED正常发光后，再焊接下一列。

5）焊接右边5列LED

类似地，逐列焊接好右边5列LED。唯一不同的是，右边5列LED通电测试时，直流电源正极（红色夹子）要接电路板P6，直流电源负极（黑色夹子）仍接电路板P7不变，如图2-36所示。

🔊 **注意：** 初次接触锡焊，用电安全、高温安全、机械操作安全等都要时刻注意。锡焊时两人一组，要学会分工合作、团结互助，有安全隐患时，要及时互相提醒。

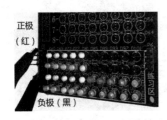

图 2-35　测试焊接练习区左边的 LED　　　　图 2-36　测试焊接练习区右边的 LED

2.2.5　专用电路板 LED 点阵的手工锡焊

1. LED 点阵的电路原理简介

专用电路板的 8×8 LED 点阵的电路原理如图 2-37 所示，特点是每一行的 LED 正极并联（至图中底部的 P1 端口），每一列 LED 的负极并联（至图中右边的 P2 端口），可用于显示 1 位数字、字母或其他简单图形。

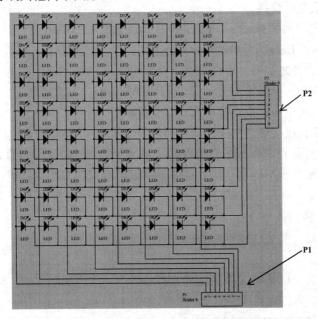

图 2-37　8×8 LED 点阵的电路原理

专用电路板的 PCB（印刷电路板）电路正面如图 2-38 所示，其每一个圆形图标均表示需要插入一只 LED，8×8 LED 点阵可选择全绿色或全红色的 LED，不要混合使用几种颜色，以方便后续实训课程中使用。

📢 **注意：** 后续实训课程中需要使用 8×8 LED 点阵。务必小组讨论，并清楚该点阵的电路结构和工作原理，以及图 2-37 与专用电路板排针、元件布局之间的对应关系。

2. LED 点阵手工锡焊步骤

焊接专用电路板 8×8 LED 显示点阵时也应做好锡焊前的准备工作，可参照练习区焊接的准备方法。锡焊该电路的具体步骤如下。

1）焊接 P1、P2 两个 8 位的排针

排针的短脚从电路板正面插入电路板焊孔中，并在电路板反面焊接好。其中，P2 选黑色，P1 选红色。请注意，P3 是 P1 的备用排针焊孔，P4 是 P2 的备用排针焊孔。

💡 提示：排针有长脚和短脚两种，插入电路板焊孔的为短脚，千万不要搞错，否则要拆下来重新焊接，会十分麻烦。学习锡焊的过程中，观察要仔细，操作更要仔细，细心是一种专业素养！

2）焊接第 1 行 8 个 LED

（1）在电路板正面（印刷有字的一面）的第 1 行（即 A1～H1）插入 8 个 LED。插入时注意 LED 正极管脚插入圆形图标内的方形焊孔中，LED 负极管脚插入圆形图标内的圆形焊孔中。LED 管脚不要插到底，以电路板正面仍可以看到管脚 1～2mm 为佳。

（2）在电路板反面焊接。

① 用电烙铁在刚插入的每一个 LED 任一管脚上加少许焊锡，将其初步固定。

② 用斜口钳剪掉 LED 两管脚的多余部分，保留管脚伸出电路板的长度为 2mm 左右即可。

③ 调整各 LED 使之平齐，用电烙铁焊接好每一个 LED 的正、负极管脚。

（3）通电检测第 1 行 8 个 LED，看是否均能正常发光。方法如下。

① 打开直流稳压电源，将输出电压调节至 1.9V。

② 将直流电源正极（红色夹子）接电路板 P1 的第 1 个插针（最上面的方形插针孔），直流电源负极（黑色夹子）依次触碰电路板 P2 的 8 个插针，如果相应的 LED 能正常发光，即焊接正确，否则要检查不能发光的 LED，看其是否存在正负极接反或已损坏的问题，有问题时必须更换。

3）重复第 2）步，依次逐行焊接剩余的 7 行 LED

注意每焊接一行，都要在通电检测正常后再焊接下一行。

4）焊接完成后

将原来反向安装在电路板 4 个角上的支撑柱取下，改为正向安装。即要将支撑柱安装在焊接面，支撑柱的紧固螺丝安装在元件面，如图 2-39 所示。

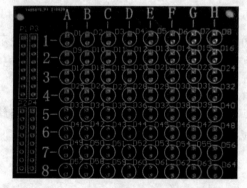

图 2-38　8×8 LED 显示点阵电路板正面

图 2-39　焊接完成后支撑柱的正确安装示意

42

2.3　实训 1：用万用表测量电压和电子元器件

实训目标

（1）学会用万用表测量交直流电压。

（2）了解使用万用表测量电子元器件的读数方法及好坏判断方法。

实训要求

（1）用万用表测量 220V 交流电压，测量直流电压以判断 1.5V 干电池的好坏。

（2）练习色环电阻、电解电容的参数识别方法。

（3）判断电容、电感、整流二极管、发光二极管、PNP 和 NPN 型三极管等极性或好坏的方法。

实训环境

（1）数字万用表。

（2）日常使用的 1.5V 干电池。

（3）常见电阻、电容、二极管、三极管等电子元件，数量若干。

2.3.1　用万用表测量 220V 交流电压

首先要选择万用表交流电压 500V 或 750V 挡（$\tilde{V}$），然后红、黑表笔分别插入 220V 交流电源插座中，注意手和身体的任何部位都不能接触两表笔的金属部分，以防触电；另外，由于有些插座的插孔内部有防儿童触电的锁止机构，因此测量时两表笔必须同时插入，方能插进去。

2.3.2　用万用表测量干电池电压

家庭日常使用的干电池电压以标称电压 1.5V 的电池为主，用万用表直流电压 2V 挡（$\overline{\tilde{V}}$），红表笔接干电池正极，黑表笔接干电池负极。通常，如果是新干电池，实际电压一般都会大于其标称电压 1.5V，这是正常的；而电压低于 1.3V 的干电池则一般不能再使用。

2.3.3　识别色环电阻阻值及误差

色环电阻一般为圆柱形电阻，例如，常见的色环电阻有碳膜电阻、金属膜电阻、金属氧化膜电阻、保险丝电阻、绕线电阻等，其颜色的对照关系可参见附录 A。

1．四色环电阻的识别

第一、二环分别代表两位有效数的阻值；第三环代表倍率；第四环代表误差。下面是一个例子。

色环电阻的色环为"棕 红 红 金"，表示其阻值为 $12×10^2=1200Ω$，误差为±5%。误差表示电阻数值允许在标准值 1200Ω 上下波动 60Ω（5%×1200），即阻值在 1140～1260Ω 都是正常的。

2. 五色环电阻的识别

第一、二、三环分别代表三位有效数的阻值；第四环代表倍率；第五环代表误差。下面是一个例子。

色环电阻的色环为"红 红 黑 棕 金"，表示其电阻为 $220×10^1=2200Ω$，误差为±5%。

2.3.4 判断电解电容的好坏

1. 外观观察

如果从外观上观察到其外壳出现鼓包、变形或漏液的现象，可直接判断电容已损坏。如图 2-40 所示，矩形框中为电解电容的鼓包现象（电容顶部凸起来了）。

图 2-40 已鼓包损坏的电容

2. 选用万用表的电阻挡位进行检测

将数字万用表拨至合适的电阻挡（根据电容容量大小选择不同的挡位），红表笔和黑表笔分别接触被测电容器的两极，这时显示值将从"0"开始逐渐增加，直至显示溢出符号"1"。若始终显示"0"，说明电容器内部短路；若始终显示溢出，则可能是电容器内部极间开路，也可能是所选择的电阻挡挡位不合适。

💡 提示：用万用表测量电解电容器时，红表笔接电容正极，黑表笔接电容负极，显示的是电容充电瞬间过程；然后反过来，黑表笔接电容正极，红表笔接电容负极，显示的是电容放电瞬间过程。

2.3.5 测量无极性电容的容量

选用数字万用表的电容挡位进行检测。例如，20n 挡可测量 2000pF～20nF 的电容；200n 挡可测量 20nF～200nF 的电容；2μ 挡可测量 200nF～2μF 的电容；20μ 挡可测量 2μF～20μF 的电容。

2.3.6　判断二极管的正负极和好坏

1．选用合适的挡位

转动数字万用表的转换开关，选用二极管测量挡位（标有二极管符号的那一挡）。

2．判断二极管正负极

使用万用表红、黑表笔分别去测量二极管两端阻值，然后将表笔反过来再测量一次，显示数字值（如 500～700）时的那一次，红表笔接就是二极管的正极，黑表笔接的就是二极管的负极，另一次测量应该显示为"1"（溢出，即二极管反向截止）。

3．判断二极管好坏

若万用表红、黑表笔正、反两次测量显示都是"1"，说明二极管已经开路（断路），如果正、反两次测量显示都小于 100，说明二极管已经短路（击穿）。

4．判断发光二极管是否亮

对于一般发光二极管，同样用万用表红、黑表笔分别去测量二极管两端，然后将表笔反过来再测量一次，其中一次发微光并且可以显示一个管压降数值。对于 3V 的高亮发光二极管，可以看到发光二极管亮，并不一定可以显示其管压降数值。

2.3.7　判断三极管的好坏

以常见 NPN 型三极管为例，如 9013、8050 两种型号的三极管，如图 2-41 所示，1 脚为发射极 E，2 脚为基极 B，3 脚为集电极 C；对应的 PNP 型三极管 9012、8550 外形相同，管脚排列可上网查阅，此处不再赘述。

图 2-41　三极管 9013、8050 引脚

一般来说，一只好的三极管具有如下特征。

1．三极管 B 和 E 极之间、B 和 C 极之间阻值

用数字万用表的二极管挡测量三极管 B 和 E 极之间、B 和 C 极之间阻值，正向导通（锗三极管和硅三极管显示的数值会有较大差异），反向不导通。

2．三极管 E 和 C 极之间阻值

用数字万用表×100 电阻挡测 E 和 C 极之间阻值，基本不导通。

3．三极管放大倍数

用数字万用表 hFE 挡测量三极管放大倍数，范围为 20～500。

拓展：对于家庭来说，有必要配置一个万用表，这样平常家用电器出现故障时，可用万用表测量一下交流电压或电池电压、电路通断及对地电阻，基本上能解决一般家用电器的简单故障；另外，如果你喜欢用电子元器件来进行发明创新，万用表将是小型电子制作的必备工具。

2.4 实训 2: 专用电路板练习区 LED 手工锡焊

实训目标

（1）学会简单的二进制编码。
（2）练习电路板手工锡焊的基本技术。
（3）了解 LED 显示电路的基本原理。
（4）学会 LED 显示电路的通电检测方法。

实训要求

（1）按照学生的专业代号、班级号、学号（后 2 位数），分别设计 4 位的二进制编码。建议专业代号、班级号的编码统一设计。
（2）练习手工锡焊 LED 显示电路，焊点达到锡焊基本要求。
（3）查看练习区 4×5 LED 显示电路原理图，了解电路结构。
（4）用直流稳压电源对 4×5 LED 显示电路进行通电检测。

实训环境

（1）可调温电烙铁、焊锡丝、助焊剂。
（2）工具盒（数字万用表、镊子、斜口钳、吸锡器）。
（3）红、绿、黄 3 种颜色的 LED 发光二极管，数量若干。
（4）可调直流稳压电源（0～5V）。
（5）工作台灯。

2.4.1 LED 颜色布局设计

参照 2.2.2 节，按照自己的专业号、班级号、学号来设计 LED 颜色。

2.4.2 第 1 列 LED 的焊接

参照 2.2.4 节的步骤，焊接好左边第 1 列 LED，并通电检测刚焊接的 LED 是否都能发光。通电检测时，直流稳压电源的电压选择要适当，确保每只 LED 的压降为 1.9V±0.1V，电压太高可能烧坏 LED。

2.4.3 测试焊接完成的一列 LED

若焊接完成的一列 4 个 LED 都能正常发光，就进入下一步；否则，检查不发光的 LED 是否正确焊接，若 LED 正确焊接后仍不发光，则需拆卸该 LED 并更换之。

2.4.4 电路其他各列 LED 的焊接

继续从左至右焊接其他各列 LED，每焊接一列均进行一次测试，直到 10 列（共 40 个）

LED 全部焊接完成。

提示：锡焊过程，要防止直流电源正、负极之间短路，实训完成后要关闭直流电源开关、断开电烙铁的电源。用电时要注意安全，时刻不能放松。另外，焊锡丝中含有铅，锡焊过程中还要注意通风，焊接完成后必须洗手，健康意识、卫生习惯是个人的基本素养。

2.5　实训 3：专用电路板 8×8 点阵 LED 手工锡焊

实训目标

（1）进一步练习电路板手工锡焊的基本技术。

（2）掌握 8×8 LED 显示点阵的电路工作原理。

（3）学会 8×8 LED 显示点阵的通电测试方法。

实训要求

（1）8×8 LED 显示点阵选用纯绿色 LED 或纯红色 LED。

（2）进一步熟悉手工锡焊 LED 技术，焊接的 8×8 共 64 个 LED 要确保整齐且高度一致，以便后续实践课程使用此 LED 点阵作为显示屏。

（3）查看 8×8 LED 显示点阵的电路原理图，了解其电路结构。

（4）用直流稳压电源对显示点阵电路通电测试，确保各 LED 能正常发光。

实训环境

（1）可调温电烙铁、焊锡丝、助焊剂。

（2）工具盒（数字万用表、镊子、斜口钳、吸锡器）。

（3）红、绿、黄 3 种颜色的 LED 发光二极管各若干数量。

（4）可调直流稳压电源（0～5V）。

（5）工作台灯。

2.5.1　第 1 行 LED 的焊接

参照 2.2.4 节的步骤，焊接好第 1 行的 8 个 LED，并通电检测刚焊接的 LED 是否都能发光。通电检测时，直流稳压电源的电压选择要适当，确保每只 LED 的压降约 1.9V，电压太高可能烧坏 LED。

2.5.2　测试焊接完成的一行 LED

若焊接完成的一行 8 个 LED 都能发光，则进入下一步；否则，检查不发光的 LED 是否正确焊接，若 LED 正确焊接但不发光，则需拆卸该 LED 并更换之。

2.5.3　电路其他各行 LED 的焊接

继续从上到下焊接其他各行 LED，每焊接一行均进行一次测试，直到 8 行（共 64 个）LED 全部焊接完成。

💡 **提示**：由于 8×8 LED 点阵焊接好以后，将会用作后续课程的显示屏，因此所有 LED 必须焊接在同一高度，即要在同一平面上，这样看起来才比较美观。制作任何一个产品，只有同时兼顾实用和美观，才能受到用户的青睐。

2.6　本章小结

本章介绍了几种常用的电子元器件，以及手工锡焊工具和技术，安排了手工锡焊的初步实践操作训练，了解了数制的基础知识。在此基础上，深入进行了锡焊 8×8LED 显示点阵的实训。此外，还安排了使用万用表测量交直流电压、测量元器件参数、判断电子元器件好坏等实训。

通过本章的学习，希望读者能初步掌握简单电路的手工锡焊技术，提高动手操作能力，对今后日常生活中碰到的家用电器简单故障维修有一定帮助。

2.7　思考与练习

（1）简述手工锡焊的"五步法"，以及焊接各步骤的注意事项。

（2）简述专用电路板 8×8 LED 点阵的电路工作原理。

（3）按"实训 1"的要求，用数字万用表测量电压和电子元件，按表 2-3 所示的内容做好记录。

表 2-3　电压和电子元件测量记录表

序　号	记 录 内 容	记 录 数 值	原 因 分 析
1	测量电源插座 220V 交流电源电压，是否刚好等于 220V？如不相等，分析原因		
2	测量日常 1.5V 干电池电压，是否刚好等于 1.5V？如不相等，分析原因		
3	识别 3 个色环电阻（选择 $R<1k\Omega$、$10k\Omega<R<100k\Omega$、$R>100k\Omega$ 各 1 个）的标称阻值，测量结果是否与其标称值相等？如不相等，分析原因		
4	测量 3 个不同容量的电容（选择 pF 级、nF 级、μF 级各 1 个进行测量）		
5	识别电解电容的参数和正负极，并判断其好坏，分析观测到的现象及原因		

续表

序　　号	记 录 内 容	记 录 数 值	原 因 分 析
6	判断整流二极管、发光二极管的好坏，记录正向和反向测量值，并分析原因		
7	测量三极管 9013 和 8050，判断其类型（NPN 或 PNP 型）及其放大倍数；测量各极之间的阻值，判断好坏并分析原因		

（4）按"实训 2"的要求，完成专用电路板练习区 LED 显示电路的锡焊，提供焊接完成后的作品照片（正、反面照片各一张）。

（5）按"实训 3"的要求，完成专用电路板 8×8 LED 点阵显示电路的锡焊，提供焊接完成后的作品照片（正、反面照片各一张）。

第 3 章　电路图纸设计与单片机程序控制

学习目标

- ☑ 了解电路原理图和 PCB 图设计的过程和软件使用方法。
- ☑ 了解程序控制 LED 点阵电路的基本原理。

学习任务

完成下面的认知和实训任务，记录学习过程中遇到的问题，并在实训中通过动手实践去努力解决问题。

- ☑ 认知 1：电路的原理图和 PCB 图设计。
- ☑ 认知 2：单片机程序控制 LED 点阵的原理。
- ☑ 实训 1：8×8 点阵的原理图和 PCB 图设计。
- ☑ 实训 2：8×8 点阵的单片机控制程序测试。

3.1　电路的原理图和 PCB 图设计

3.1.1　Altium Designer 工程创建

1. 启动 Altium Designer 程序

从开始菜单选择 Altium Designer 程序，或者在 Windows 桌面上双击该应用程序的图标，运行 Altium Designer 程序。以 Altium Designer 20 版本为例，首次运行界面如图 3-1 所示。

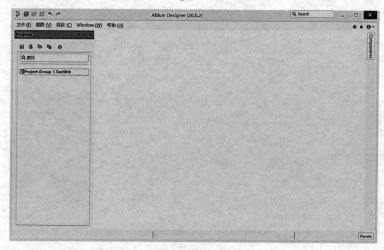

图 3-1　Altium Designer 20 软件主窗口

2．新建 Altium Designer 工程

选择主菜单的"文件"→"新的"→"项目"命令，弹出 Create Project 运行界面，如图 3-2 所示，默认为本地工程（Local Projects）。

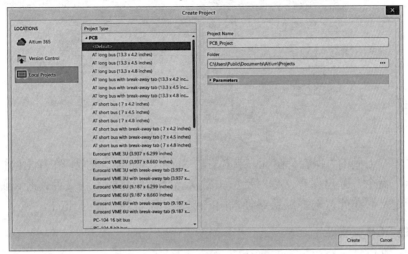

图 3-2　新建 Altium Designer 工程

在 Project Type 选项中，选择默认选项 Default。同时，新建工程名称（Project Name）为 LEDControlPro，并选择工程存储路径（Folder）为 D:\myadproject，然后单击 Create 按钮，在运行窗口左侧的 Project 菜单中将出现新工程 LEDControlPro.PrjPcb，如图 3-3 所示。此时，该工程下显示 No Documents Added，表示还没有建立任何文件。

提示：需预先在 D 盘新建一个文件夹 myadproject。

接下来，需要新建电路原理图和 PCB（printed circuit board，印刷线路板）图等两个文件，亦可将已有电路原理图和 PCB 图的文件添加至该工程。

3．新建电路原理图文件

右击面板 Projects 下的工程 LEDControlPro.PrjPcb，会弹出工程选项菜单，如图 3-4 所示，选择"添加新的…到工程"命令。

图 3-3　创建的新工程文件

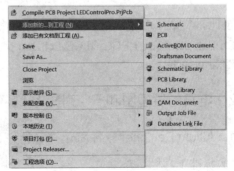

图 3-4　创建新文件到当前工程

选择子菜单中的 Schematic 命令，弹出新建原理图的编辑界面。在运行界面左侧会出现 Source Documents，同时添加了电路原理图文件 Sheet1.SchDoc，如图 3-5 所示。

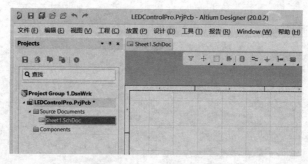

图 3-5　添加电路原理图

单击窗体左上侧的"保存"图标，或者右击 Sheet1.SchDoc 选项，在弹出的快捷菜单中选择"保存"命令，弹出保存文件对话框，默认路径为所建的工程文件路径，原理图文件名可以自行定义。在此，选择默认路径，同时定义文件名为 LEDCtrlSch。

4．新建 PCB 文件

与第 3 步的操作类似，在该工程的 Source Document 下添加 PCB1.PcbDoc 文件，会弹出新建 PCB 图的编辑界面。单击窗体左上侧的"保存"图标，或者右击 PCB1.PcbDoc 选项，在弹出的快捷菜单中选择"保存"命令，弹出保存文件对话框，默认路径为所建的工程文件路径，PCB 文件名可以自行定义。在此，选择默认路径，同时定义文件名为 LEDCtrlPCB，保存后的界面如图 3-6 所示。

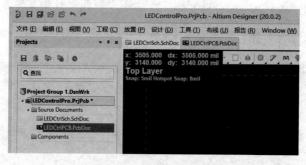

图 3-6　添加 PCB 文件

至此，完成了新建工程文件、新建电路原理图和 PCB 图的文件操作，单击左侧的 LEDCtrlSch.SchDoc、LEDCtrlPCB.PcbDoc 文件，就可以在中间窗体中分别绘制和编辑电路原理图和 PCB 图。

3.1.2　电路的原理图和 PCB 图设计实例

1．Altium Designer 软件简介

1）标准工具栏简介

绘制电路原理图的界面顶部有一个标准工具栏，各按钮的功能如图 3-7 所示。移动鼠标到工具栏的任意一个按钮上会有相应的功能提示，单击工具栏的这些标准按钮即可进行相应的操作。需要注意的是，有些功能需要右击这些标准按钮才会显示。

2）标准元器件库简介

在绘制电路原理图的界面，单击右侧导航栏中的 Components 按钮，会弹出如图 3-8 所示的常用元器件库 Miscellaneous Devices.IntLib，其下面会显示常用的元器件列表。通过下拉菜单，还可以选择 Miscellaneous Connectors.IntLib 选项（常用的连接器库），其下面会显示常用连接器的列表。无论哪个库，都可以使用库中的搜索（Search）功能进行搜索查找。

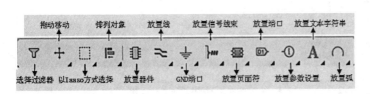

图 3-7　标准工具及注释　　　　　　　图 3-8　常用的元器件库

💡 提示：如果右侧导航栏中的 Components 面板找不到了，或不小心关闭了，可以选择
　　　Altium Designer 软件主菜单的"视图"→"面板"→"Components"命令，即可
　　　重新打开。

3）编辑电路图图纸信息

在如图 3-9 所示的电路图编辑界面底部有图纸信息编辑区，可以编辑标题（Title）、图号（Number）、版本号（Revision）和设计者（Drawn By）。

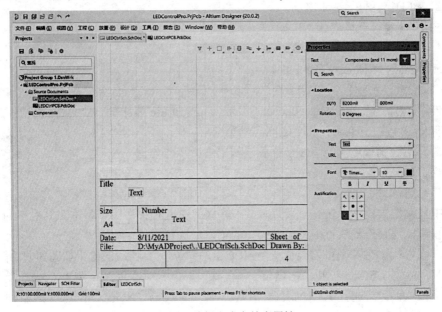

图 3-9　编辑文本字符串属性

单击标准工具栏中的"放置文本字符串"按钮，可以在图纸信息栏中放置一个Text，然后双击该Text选项，界面右侧会出现属性（Properties）面板，此时即可对其内容进行编辑。

2．简单LED控制电路的原理图设计实例

以如图3-10所示的一个简单LED控制电路的原理图设计为例，该例中用到Components面板的Miscellaneous Devices.IntLib库中的元件符号有如下几类。

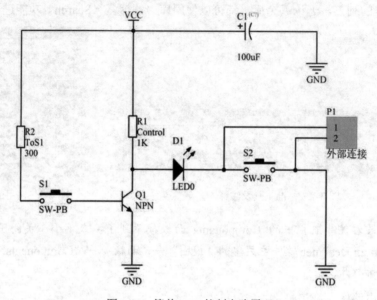

图3-10　简单LED控制电路原理

（1）VCC、GND。

（2）LED，元件名为LED2。

（3）三极管，元件名为NPN。

（4）电阻，元件名为Res2。

（5）电容，元件名为Cap Pol1。

（6）按钮，元件名为SW-PB。

另外，该例中还用到Miscellaneous Connectors.IntLib库中的一个外部连接器件，元件名为Header 2，注意Header和2之间有一个空格。

下面介绍绘制该电路原理图所需要掌握的主要操作方法。

1）放置元器件

（1）放置GND和VCC。单击标准工具栏中的"GND端口"按钮，并移动鼠标到编辑窗口中任意位置再次单击，则可以放置一个GND元件；若右击标准工具栏中的"GND端口"按钮，则会出现放置多种电源端口的菜单，选择"放置VCC"命令，并移动鼠标到编辑窗口中再次单击，则可以放置一个VCC元件。放置元件后的效果如图3-11所示。

（2）放置LED、电阻、三极管、电容和按钮开关等元件。单击右侧导航栏中的Components面板，选择其中的元器件库Miscellaneous Devices.IntLib，然后通过搜索（Search）功能查找LED2元件，双击相应图标，并移动鼠标到编辑区合适的位置单击，即可放置一个 LED，或者用鼠标将元件直接从元器件库拖到编辑区合适的位置，放置元件后的效果如图 3-12 所示。类似地，可以选择 NPN 放置一个三极管，选择 Res2 放置一个电阻，选择 Cap Pol1 放置一个电解电容，选择 SW-PB 放置一个按钮开关。

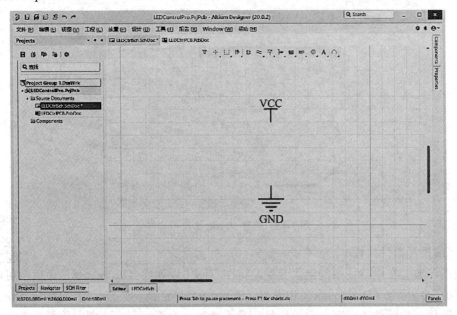

图 3-11　放置 VCC、GND 端口

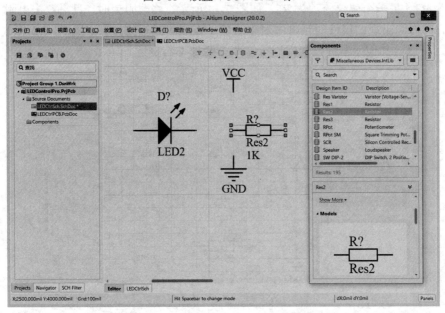

图 3-12　放置 LED 和电阻元件

（3）放置连接器。单击右侧导航栏中的 Components 面板，选择其中的连接器件库 Miscellaneous Connectors.IntLib，然后通过搜索（Search）功能查找 Header 2 连接器件，并放置到编辑区域，效果如图 3-13 所示。

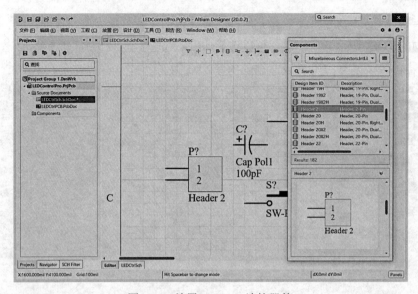

图 3-13　放置 Header 2 连接器件

2）编辑元器件属性

　　双击已放置在电路图中的电阻元件，将在右侧出现属性（Properties）面板，可以根据需要更改元件标号（Designator）和说明（Comment）。注意，元件标号（Designator）是唯一的，即每一个元件都应有自己的标号，且不能重复，因此，电路图中的两个电阻标号一个修改为 R1，另一个建议修改为 R2，如图 3-14 所示。修改阻值时，只需双击电阻元件 1K 字符串，在右侧出现的属性对话框中对电阻值（Value）进行修改，本例中，R2 修改为 300。类似地，可以对其他元器件的属性进行修改，此处不再赘述。

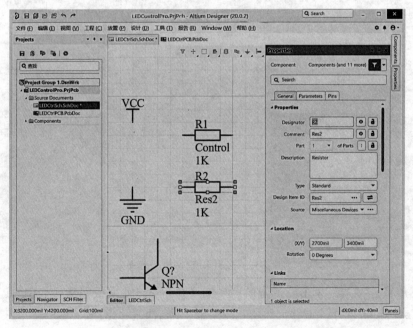

图 3-14　编辑电阻元件属性

3）连接元器件

单击标准工具栏中的"放置线"按钮，或者按 Ctrl+W 快捷键即可使用鼠标进行连线操作。要中止连线操作，按 Esc 键或鼠标右击一次即可。

本例中，当鼠标指针移动到 VCC 的接线端（管脚）而变成一个大的"*"号时，单击鼠标，然后再移动鼠标指针到 R1 的接线端（管脚），当鼠标指针变成一个大的"*"号时，再次单击鼠标，即可完成 VCC 到电阻 R1 连线，效果如图 3-15 所示。类似地，可以完成电路所有元器件的连线。

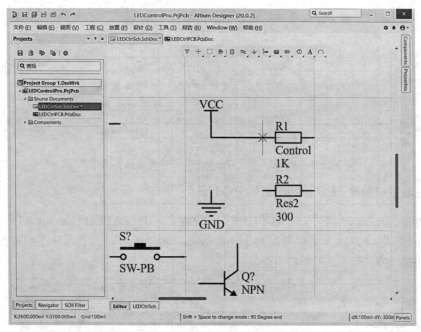

图 3-15　VCC 与电阻 R1 连线

4）元器件的其他常用操作

（1）元器件移动。单击要移动的元器件，选中后鼠标指针会变成移动形状（带箭头的十字形状），此时即可拖动该元器件到合适的位置。

（2）元器件排列。首先，按住鼠标左键不放，并拖动鼠标以选择要对齐的多个元器件；或者按住 Shift 键不放，并逐一单击要对齐的多个元器件。

然后，单击标准工具栏中的"排列对象"按钮，将出现排列对象对话框，可以选择水平排列或垂直排列。垂直排列包括不变、左侧、居中、右侧和平均分布等选项；水平排列包括不变、顶部、居中、底部和平均分布等选项。例如，选定 LED2 和 Cap Pol1 元件后，选择垂直右对齐排列操作，其效果如图 3-16 所示。

（3）元器件旋转。选中要旋转的元器件，每按一次空格键，元器件将旋转 90°。

（4）元器件视图的放大或缩小。如果需要放大或缩小当前视图中的元器件，按 Page Up 键和 Page Down 键即可。

总之，掌握了上述几种基本操作技术后，就可以完成一个简单电路的原理图绘制了。

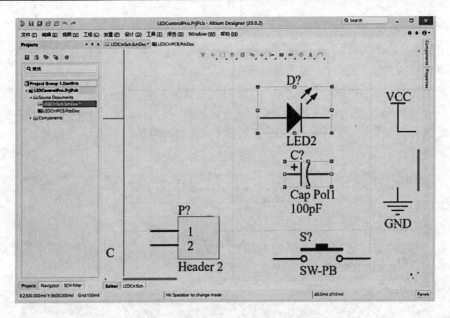

图 3-16 "LED2"和"Cap Poll"元件对齐操作后的效果

3. 自动生成简单 LED 控制电路的 PCB 图

从 Altium Designer 软件的主菜单中选择"设计"→Update PCB Document LEDCtrlPCB. PcbDoc 命令，将会弹出"工程变更指令"对话框，其中详细列出了原理图所有的元器件、连线、标识符等对象，如图 3-17 所示。

启用	动作	受影响对象		受影响文档
	Add Components(8)			
☑	Add	C?	To	LEDCtrlPCB.PcbDoc
☑	Add	D1	To	LEDCtrlPCB.PcbDoc
☑	Add	P1	To	LEDCtrlPCB.PcbDoc
☑	Add	Q1	To	LEDCtrlPCB.PcbDoc
☑	Add	R1	To	LEDCtrlPCB.PcbDoc
☑	Add	R2	To	LEDCtrlPCB.PcbDoc
☑	Add	S1	To	LEDCtrlPCB.PcbDoc
☑	Add	S2	To	LEDCtrlPCB.PcbDoc
	Add Nets(6)			
☑	Add	GND	To	LEDCtrlPCB.PcbDoc
☑	Add	NetD1_1	To	LEDCtrlPCB.PcbDoc
☑	Add	NetD1_2	To	LEDCtrlPCB.PcbDoc
☑	Add	NetQ1_2	To	LEDCtrlPCB.PcbDoc
☑	Add	NetR2_2	To	LEDCtrlPCB.PcbDoc
☑	Add	VCC	To	LEDCtrlPCB.PcbDoc
	Add Component Classes(1)			
☑	Add	LEDCtrlSch	To	LEDCtrlPCB.PcbDoc
	Add Rooms(1)			
☑	Add	Room LEDCtrlSch (Scope=InCompon To		LEDCtrlPCB.PcbDoc

验证变更　　执行变更　　报告变更 (R)…　☐仅显示错误

图 3-17 执行变更操作

单击左下方的"执行变更"按钮，则会显示检测结果和完成情况。全部为绿色标记，则表示无错误；若有红色标记，则表示该对象出错，可以修改原理图后重复上述操作；若无错误标记，单击"关闭"按钮后，则会自动生成 PCB 图。

接下来，拖动已生成的所有对象到编辑区（黑色区域），并删除元器件模板（红色区域），就完成了初始 PCB 元器件布局，如图 3-18 所示，黑色区域为 PCB 板的实际区域。最后，从 Altium Designer 主菜单中选择"布线"→"自动布线"→All 命令，并在弹出的窗口中选择 Route all 命令，即完成 PCB 图的自动布线。

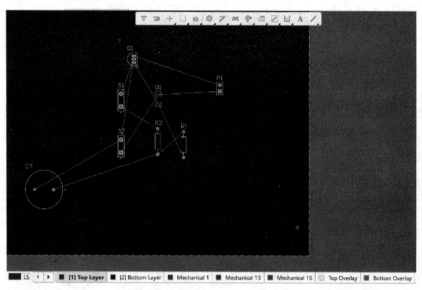

图 3-18　初始的 PCB 元器件布局

布线完成后，若要将图纸交工厂生产，还要对 PCB 图添加丝印层文字、设计 PCB 板固定螺丝开孔位置等，建议感兴趣的读者自行进一步探究。

💡 提示：Altium Designer 软件默认生成的是双面 PCB 图，包含元件层（Top Layer）和焊接层（Bottom Layer）。在生成的 PCB 图上不仅可实现自动布线，而且当对自动布线的效果不太满意时，可选择双面 PCB 图的任意一面，进一步手工修饰布线。

3.2　单片机程序控制 LED 显示点阵的基本原理

3.2.1　芯片 74HC595 预备知识

芯片 74HC595 是一个 8 位串行输入、并行输出的位移缓存器，并行输出具备三态输出功能。移位寄存器和存储寄存器有相互独立的时钟。数据在移位寄存器时钟（SCK）的上升沿输入到移位寄存器中，在存储寄存器时钟（RCK）的上升沿输入到存储寄存器中，如图 3-19 所示。

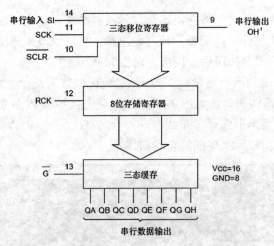

图 3-19　74HC595 工作原理

芯片 74HC595 的工作原理如下。

1. 在 SCK 上升沿时

此时，来自串行输入端 SI 的数据可以存入移位寄存器。移位寄存器只有 8 位，如果数据溢出，溢出的数据从 OH′输出。

2. 在 RCK 上升沿时

此时，移位寄存器的 8 位数据全部传入存储寄存器。此时如果 $\overline{G}$ 是低电平，8 位数据会并行输出。

3. $\overline{SCLR}$ 低电平时

此时会清空移位寄存器，一般只在第一次安全上电时处于低电平，其他时间置于高电平。

4. $\overline{G}$ 低电平时

此时为允许输出，三态输出为高电平或低电平。而当 $\overline{G}$ 为高电平时，三态输出全部为高阻态。实际应用时 $\overline{G}$ 常常设为低电平。

假设来自单片机的数据是 ABCDEFGH（特别提示，这里每个字母不表示字符，而是表示 1bit 数据，即一个二进制位，非 0 即 1），那么 74HC595 会把高位的数据“A”作为第 1 个数据存入移位寄存器。最终，存入的第 1 个数据“A”会从 QH 输出，存入的第 8 个数据“H”会从 QA 输出。

综上所述，使用 74HC595 时，应按以下控制顺序编写程序，实现数据的串行输入、并行输出（请对照图 3-19 理解程序下面的控制过程）。

（1）$\overline{SCLR}$ 送高电平。如果不使用此引脚，设计原理图时可以直接接高电平。

（2）SCK 送 8 个上升沿。SCK 每送 1 个上升沿，输入端 SI 将 1 位串行二进制数据输入至移位寄存器，8 个上升沿即完成 8 位二进制数据的输入。

（3）RCK 送 1 个上升沿。移位寄存器的 8 位二进制数据传同时送至存储寄存器。

（4）$\overline{G}$ 送低电平。8 位二进制数据从三态缓存器输出。

3.2.2　控制 8×8 LED 点阵的电路原理

控制 8×8 LED 点阵电路的实物如图 3-20 所示。电路硬件包括单片机控制电路板、USB 供电线、专用连接排线（带转接板）、LED 显示点阵电路板 4 个部分。

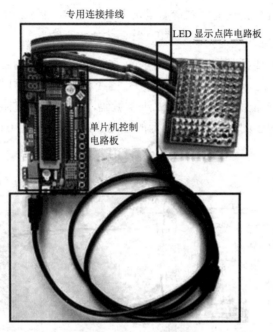

图 3-20　LED 点阵控制电路实物

图 3-21 为采用 STC89C52 单片机和 74HC595 芯片为核心的点阵显示控制电路结构框图。STC89C52 单片机的 P3.4～P3.6 控制 74HC595 串行输入，再由 74HC595 的 8 位并行输出 D0.0～D0.7 去控制 LED 点阵每一列的公共正极（D0.0～D0.7 连接图 2-37 的 P1 端口，以下简称"编码线"，高电平有效）；而单片机的 P0 端口 P0.0～P0.7 共 8 根线控制 LED 点阵每一行的公共负极（P0.0～P0.7 以下简称"行选线"，连接图 2-37 的 P2 端口，低电平有效）。

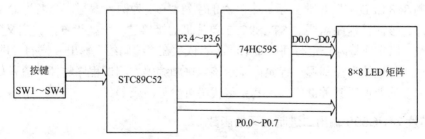

图 3-21　LED 点阵控制电路结构框

硬件连接完成后，只要能控制连接图 2-37 所示 LED 点阵电路的"编码线"和"行选线"的逻辑电平高低，即可实现对 LED 点阵电路的控制。其原理是 LED 发光二极管具有单向导电性，当某个 LED 正极为高电平"1"、负极为低电平"0"时，则 LED 被点亮，原理如图 3-22 所示，图 3-22（a）中的 D1 亮，而图 3-22（b）、图 3-22（c）、图 3-22（d）等其他 3 种情况的 D2、D3、D4 均不亮，R1～R4 为限流电阻。

💡 **提示**：以 5V 供电电压为例，高电平"1"就是 5V 或接近 5V，低电平"0"就是 0V 或接近 0V。LED 是发光二极管，具有单向导电性，因此，LED 只有在它的正极为高电平"1"、负极为低电平"0"时，才能被点亮。

例如，LED 点阵需要显示如图 3-23 所示的"C"字符，需要将二进制编码输出至其"编码线"，即通过单片机 P3 端口的 P3.4～P3.6 三根线和一块串入并出的 74HC595 芯片，从"编码线"D0.0～D0.7 依次输出各行的二进制编码，如图 3-23 左侧所示。注意，图 3-23 中是以十六进制编码表示的，从上至下各行的编码分别为 0x00、 0x1C、0x22、0x20、0x20、0x22、0x1C、0x00。

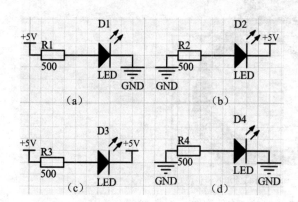

图 3-22　LED 两端高电平和低电平的 4 种情况　　　图 3-23　8×8 LED 点阵显示"C"字符

另外，还需要在此二进制编码输出的同时，从"行选线"P0.0～P0.7 输出行选信号，即控制对应的行输出低电平"0"。

3.2.3　控制 8×8 LED 点阵的测试程序

以控制 8×8 LED 点阵电路显示一个静态的字符"C"为例，编写一个名为 Dianzhen_C 的测试程序。该测试程序需要对 STC89C52 单片机的接口进行一些设置，并定义赋值函数和延时函数，以实现每隔一定时间（如 100μs），依次在"编码线"输出 8 位的二进制编码，并同时通过"行选线"控制哪一行允许显示该二进制编码。测试程序的控制流程如图 3-24 所示，下面仅简要说明其关键代码，其完整代码可参见附录 D。

1. 芯片 74HC595 输出二进制编码的函数

由 74HC595 将 STC89C52 单片机输出的串行数据转换为并行的 8 位二进制编码，输出至 LED 点阵电路 P1 端口，其控制函数流程如图 3-25 所示。

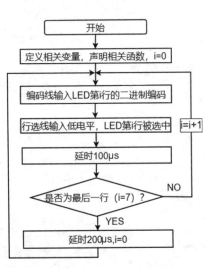

图 3-24　测试程序的控制流程

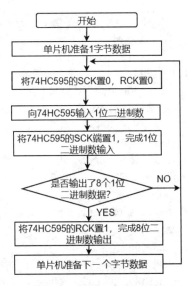

图 3-25　74HC595 串入并出控制流程

芯片 74HC595 串入并出的控制函数主要源代码如下。

```
void Hc595SendByte(u8 dat)
{
    u8 i = 0;
    SCK = 0;                    //将 SCK 置为初始状态
    RCK = 0;                    //将 RCK 置为初始状态
    for (i=0; i<8; i++)
    {
        SER = dat >> 7;         //右移 7 位后赋给 SER, dat 不变
        dat <<= 1;              //左移 1 位后赋给自身, dat 改变
        SCK = 1;               //该时钟上升沿数据寄存器的数据移位
        _nop_();               //空操作, 延时
        _nop_();               //空操作, 延时
        SCK = 0;
    }
    RCK = 1;                    //该时钟上升沿移位寄存器的数据进入存储寄存器
    _nop_();                    //空操作, 延时
    _nop_();                    //空操作, 延时
}
```

2. 控制 LED 显示二进制编码的函数

以显示字符"C"为例, 其显示函数代码如下。

```
void MatrixDisplay_C(void)
{
    Hc595SendByte(0x00);       //第 0 行的 LED 赋值
    MATRIX_PORT = ~0x01;       //选中第 0 行, 该行 LED 负极为低电平
    Delay100us();              //延时 100μs
    Hc595SendByte(0x1c);       //第 1 行的 LED 赋值
```

```
MATRIX_PORT = ~0x02;          //选中第1行
Delay100us();
Hc595SendByte(0x22);          //第2行的LED赋值
MATRIX_PORT = ~0x04;          //选中第2行
Delay100us();
Hc595SendByte(0x20);          //第3行的LED赋值
MATRIX_PORT = ~0x08;          //选中第3行
Delay100us();
Hc595SendByte(0x20);          //第4行的LED赋值
MATRIX_PORT = ~0x10;          //选中第4行
Delay100us();
Hc595SendByte(0x22);          //第5行的LED赋值
MATRIX_PORT = ~0x20;          //选中第5行
Delay100us();
Hc595SendByte(0x1c);          //第6行的LED赋值
MATRIX_PORT = ~0x40;          //选中第6行
Delay100us();
Hc595SendByte(0x00);          //第7行的LED赋值
MATRIX_PORT = ~0x80;          //选中第7行
Delay100us();
}
```

3.2.4　测试程序下载至单片机的基本过程

1．连接硬件电路

参照图 3-20 连接好硬件，把 USB 连接线接到单片机控制电路板的 USB 端口，另一端接到台式机的 USB 接口，并用带转接板的专用连接排线，将单片机控制电路板和 LED 显示点阵电路板连接在一起。专用连接排线的具体连接方法如下。

图 3-26　专用连接排线的转接板安装

1）安装连接排线的转接板

将转接板插入单片机控制电路板上，如图 3-26 所示。

2）连接单片机控制电路和 LED 点阵电路

对照图 3-26 和图 3-27，将转接板的 D0～D7 与 LED 点阵电路板 P1 端口的 D0～D7 对应连接；同时将转接板的 P00～P07 与 LED 点阵电路板 P2 端口的 P00～P07 对应连接。

单片机控制电路板的电源开关、USB 端口、复位开关、SW1～SW4 等位置如图 3-28 所示，其他的跳线说明参见附录 C。

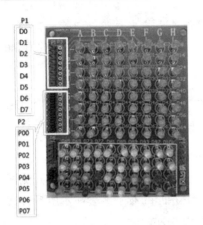

图 3-27   专用电路板的 P1 和 P2 端口

图 3-28   单片机控制电路板实物

📢 **注意**：转接板千万不能插反，转接板的小圆圈应在右下角；其次，连接专用排线时，要特别注意锡焊专用电路板与单片机控制电路板的排针针脚对应关系。观察仔细、不出差错，这是专业技术人员应该具备的一项基本素养。

2. 打开软件 STC-ISP

软件 STC-ISP 是单片机程序下载的专用软件，无须安装，直接打开即可使用。打开该软件后，单击界面左上角"芯片型号"旁边的下拉按钮，根据单片机的实际型号选择芯片（如 STC89C52）；接着，单击"扫描"按钮，以自动搜索找到相应的串口（COM），如图 3-29 所示。

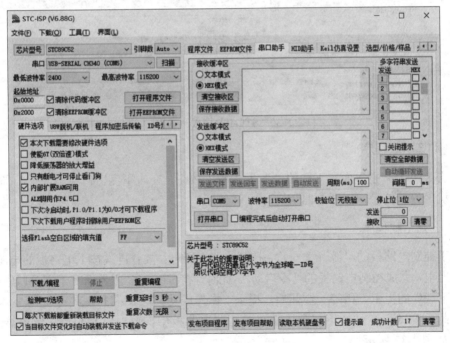

图 3-29   STC-ISP 软件主窗口

📢 **注意：** 如果自动搜索找不到相应的串口，则需要考虑额外安装串口驱动程序。例如，比较常见的 USB 转串口 Serial 模块 CH340 系列，需要安装 USB-SERIAL CH340 串口驱动程序。

📢 **注意：** 一定要认真观察和核对单片机控制电路板上单片机芯片的实际型号，确保所选择的型号与其实际型号完全一致，否则测试程序下载很可能会失败。

3．打开程序文件

单击 STC-ISP 主界面左侧的"打开程序文件"按钮，在配套的点阵资源包中打开测试程序 Dianzhen_C 的可执行文件 Dianzhen_C.hex。此时，在主界面的右下侧会显示所打开文件的路径，右侧窗口中会出现程序文件的机器码，如图 3-30 所示。

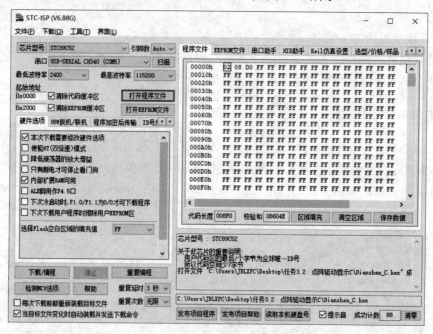

图 3-30　STC-ISP 调入测试程序

4．准备下载程序

单击 STC-ISP 主界面左下侧的"下载/编程"按钮，在右下侧窗口会出现"正在检测目标单片机"提示信息，如图 3-31 所示。

5．开始下载程序

按下控制电路板的电源开关一次，控制电路板断电；接着再次按下电路板的电源开关，即重新上电，完成控制电路板的"冷启动"。此时，在 STC-ISP 主界面右下侧窗口中会显示"正在下载"的提示，稍等一会儿后，提示"操作成功！"，表示下载完成。

至此，测试程序已经下载到了单片机控制电路板中，此时 LED 点阵应该显示字符"C"，如图 3-32 所示。

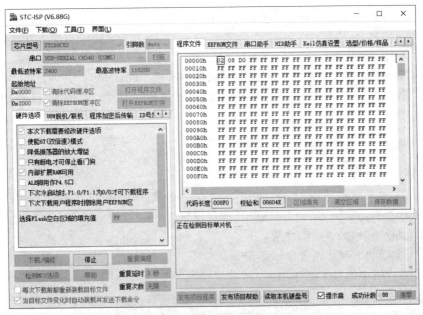

图 3-31　STC-ISP 执行"下载/编程"功能

图 3-32　程序下载成功后 LED 点阵效果

💡 **拓展**：单片机里的程序存储在哪里？STC89C52 单片机的内部有程序存储器（ROM）8KB、数据存储器（RAM）512B。单片机工作时，ROM 一般只可读取不可存储，且 ROM 掉电后数据不会丢失；RAM 在上电后可由用户随意存取，但掉电后数据会丢失。

3.2.5　用 LED 点阵动态显示字符的例程

8×8 的 LED 点阵除可静态显示数字、字符及部分汉字之外，还可以通过编程实现动态地显示这些内容。下面以滚动显示"CHINA"这一长串字符的程序为例，简要介绍其滚动显示的原理，该例程的完整源代码参见附录 E。

1．例程功能整体描述

该例程要实现的主要功能是由右向左滚动显示字符"CHINA"，并通过图 3-28 所示单片机控制电路的按键 SW1 和 SW2 来控制字符滚动显示的速度，即按 SW1 滚动加速，按 SW2 滚动减速。

2．字符编码

1）设置初始参数

（1）定义一个常量 LEDStrLength，用于设定字符串显示的长度（即行数，每个字符占 8 行，"CHINA"共 5 个字符），因此该值应设置为 56，计算方法为：5×8+16=56。增加的 16 行用于显示前和显示后的清屏。

（2）定义滚动的起始速度 speed=25。

因此，源代码中编写了如下内容。

```
#define LEDStrLength   56      //显示的字符数×8+16（清屏）
char speed = 25;               //滚动起始速度，数值越小表明速度越快
```

2）定义字符串变量 LEDShowStr[]

该字符串变量用于存放要显示的字符串"CHINA"的二进制编码（注意，源程序中实际写成十六进制编码了）。

3）字符逐行编码

一个字符需首先逐行进行编码，亦称为"字符取模"。以"CHINA"字符串的第 1 个字符"C"逐行编码为例，"编码线"D0.0～D0.7 需依次输出以下编码：

```
0x00,0x1C,0x22,0x20,0x20,0x22,0x1C,0x00
```

可借助字符取模的软件直接获得字符编码，不必手动逐一计算编码，图 3-33 所示为使用免费软件"DZR 电子人：点阵取模软件 V1.0"获得的编码。图中左侧的一列数据，为共阴极（即共负极）情况下点阵取模软件计算获得的字符"C"的十六进制编码。

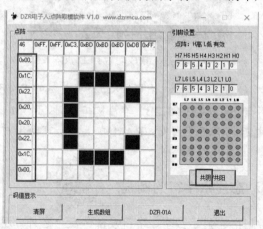

图 3-33 "DZR 电子人：点阵取模软件 V1.0"获得的字符"C"编码

4）源代码中字符详细编码

为滚动显示"CHINA"共 5 个字符，源代码中 LEDShowStr[]的定义详细情况如下。

```
u8 LEDShowStr[] = {
0x00,0x00,0x00,0x00,0x00,0x00,0x00,0x00,        //清屏
0x00,0x1C,0x22,0x20,0x20,0x22,0x1C,0x00,        //C
0x00,0x22,0x22,0x3E,0x22,0x22,0x22,0x00,        //H
0x00,0x3E,0x08,0x08,0x08,0x08,0x3E,0x00,        //I
0x00,0x22,0x32,0x2A,0x2A,0x26,0x22,0x00,        //N
0x00,0x08,0x14,0x22,0x3E,0x22,0x22,0x00,        //A
0x00,0x00,0x00,0x00,0x00,0x00,0x00,0x00,        //清屏
};
```

3．行选信号

程序通过"行选线"P0.0～P0.7 发送行选信号，需要注意的是，行选信号低电平有效。例如，某时刻发送~0x01 则选中第 0 行，表示该时刻仅第 0 行允许显示，其他行禁止显示。下一时刻允许显示的行，可以参照此类推之。

同时，程序通过"编码线"D0.0～D0.7 发送每一行的二进制编码，实现 8×8 LED 点阵逐行依次显示字符内容。因此，源代码中编写了如下内容。

```
void LEDShow_Line(u8 strda,u8 rownum)
{
    switch(rownum)
    {
        case 0:
            Hc595SendByte(strda);        //编码线发送编码
            P0 =~0x01;                   //第 0 行低电平，选中该行
            break;
        case 1:
            Hc595SendByte(strda);        //编码线发送编码
            P0 = ~0x02;                  //第 1 行低电平，选中该行
            break;
        case 2:
            Hc595SendByte(strda);        //编码线发送编码
            P0 = ~0x04;                  //第 2 行低电平，选中该行
            break;
        case 3:
            Hc595SendByte(strda);        //编码线发送编码
            P0 = ~0x08;                  //第 3 行低电平，选中该行
            break;
        case 4:
            Hc595SendByte(strda);        //编码线发送编码
            P0 = ~0x10;                  //第 4 行低电平，选中该行
            break;
        case 5:
            Hc595SendByte(strda);        //编码线发送编码
            P0 = ~0x20;                  //第 5 行低电平，选中该行
```

```
            break;
        case 6:
            Hc595SendByte(strda);              //编码线发送编码
            P0 =    ~0x40;                     //第 6 行低电平，选中该行
            break;
        case 7:
            Hc595SendByte(strda);              //编码线发送编码
            P0 =    ~0x80;                     //第 7 行低电平，选中该行
            break;
        default:
            break;
    }
}
```

4. 滚动显示字符

本例中，每滚动 8 行完成一个字符的显示。另外，按键 SW1 和 SW2 分别控制 speed 值的增加和减少，用于控制滚动显示的速度，speed 值越小，滚动显示的速度越快。因此，源代码中编写了如下内容。

```
void LEDStrShow(void)
{   char n,t,r,k=7;
    for(n=0;n<LEDStrLength-8;n++)                  //扫描字符长度-8
    {
        for(t=0;t<speed;t++)                       //每 8 行显示的延时
    {
        for(r=7;r>=0;r--)                          //由下至上逐行选中
        {
            LEDShow_Line(LEDShowStr[k+n],r);       //向上滚动显示
            Delay100us();
            if(k==0)                               //跳到要显示的下一行编码
                k=7;
            else
                k--;
        }
        if(Key_Scan1()==0)                         //控制加速，每按一次速度增加 5
        {
            if(speed>10)
            speed = speed-5;
        }
        if(Key_Scan2()==0)                         //控制减速，每按一次速度减少 5
        {
            if(speed<45)
            speed = speed+5;
        }
    }
    }
}
```

3.3　实训 1：8×8 点阵的原理图和 PCB 图设计

实训目标

（1）掌握 Altium Designer 创建工程方法。

（2）学会用 Altium Designer 绘制简单电路的原理图。

（3）了解 PCB 图自动生成方法。

实训要求

（1）设计一个 8×8 LED 点阵电路的原理图。

（2）原理图中 LED 排列整齐，采用 2.54mm 的 8 针连接器。

（3）每一个 LED 需要给出注释文本，标明所在列号和行号。

实训环境

（1）台式机。

（2）电路绘图软件 Altium Designer 20。

3.3.1　创建 Altium Designer 工程

设计图 2-37 所示的 8×8 LED 点阵电路的原理图，并生成其对应的双面 PCB 图，需要先创建 Altium Designer 工程。参照 3.1.1 节的步骤，创建新 Altium Designer 工程，并在其中分别新建 Schematic（电路原理图）、PCB 图文件。

3.3.2　绘制 Schematic 原理图

1．编辑图纸信息

参照 3.1.2 节的步骤，在 Schematic 图的文本编辑区中编辑制图人、标题、图号等文本信息。

2．放置元器件和连接器

参照 3.1.2 节的步骤，在 Schematic 图的编辑区参照图 2-37 的原理图，放置所需的元器件和连接器符号。

3．编辑元器件和连接器属性

参照 3.1.2 节的步骤，参照图 2-37 的原理图，编辑元器件和连接器的属性。

4．绘制连线

参照 3.1.2 节的步骤，参照图 2-37 的原理图，合理排列元器件并连线。

3.3.3 生成双面 PCB 图

参照 3.1.2 节的步骤，自动生成 PCB 图，并调整好元器件的布局。

> 💡 提示：Altium Designer 默认就是生成双面 PCB 图，PCB 编辑界面的左下角"Top Layer"代表元器件面，"Bottom Layer"代表焊接面。有了 PCB 图，就可以直接送至厂家去生产 PCB 电路板。

3.4 实训 2：8×8 点阵的单片机控制程序调试

🖥 实训目标

（1）学会 8×8 LED 显示点阵电路的字符编码方法。
（2）了解 Keil 软件编写 C 语言源程序的步骤。
（3）了解 Keil 编译生成 HEX 源程序的方法。

💡 实训要求

（1）读懂所给 8×8 LED 显示点阵电路 C 语言源程序的大致含义。
（2）练习修改 C 程序的 LED 点阵字符编码。
（3）修改 C 程序，实现滚动显示本人姓名的首字母、学号最后两位数字。

🔍 实训环境

（1）安装好 USB 驱动程序 CH341SER 的台式机。
（2）专用单片机及连接线。
（3）手工锡焊并测试正常的 8×8 LED 显示点阵电路板。
（4）LED 8×8 点阵取模软件。
（5）单片机烧录软件 STC-ISP-v6.88G。
（6）单片机开发工具软件 Keil uVision5。

3.4.1 设计要显示的字符编码

参照 3.2.4 节中 LED 点阵电路显示"C"字的原理和字符串的定义方法，分别设计本人姓名的首字母、学号最后两位数字等多个二进制字符编码，并转换成十六进制的字符编码。建议使用字符取模软件，直接生成字符编码比较方便。

3.4.2 打开 Keil 工程文件

双击桌面 Keil 软件图标，打开 Keil 软件，然后从其主菜单中选择 Project→Open Project 命令，然后选择素材中的工程文件 Task 3.2_CHINA.uvproj 并打开。此时，双击左侧窗口

Project 面板下的 main.c 文件，可查看和编辑 main.c 源程序。

💡 提示：该工程文件用于滚动显示"CHINA"等 5 个字母。

3.4.3　修改 main.c 源程序

设计本人姓名首字母、学号最后两位数字的编码为滚动显示的内容，在如图 3-34 所示的 Keil 主界面的 main.c 源程序编辑窗口中，根据滚动显示的字符长度，修改宏定义#define LEDStrLength 的值，LEDStrLength 的取值为显示的字符数×8+16，并用所设计的编码修改程序中 LEDShowStr[]定义的字符编码（注意保留清屏编码），修改后单击左上角的"保存"按钮，保存修改的内容。

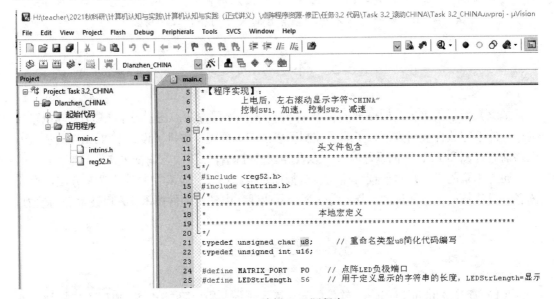

图 3-34　编辑 Keil 源程序

3.4.4　编译工程文件

在 Keil 主界面的主菜单中选择 Project→Rebuild All Target Files 命令，或直接单击左上角主菜单下面的 Rebuild 按钮，系统将对工程文件进行编译，如果主界面下方提示"0 Errors"，则编译成功，并会生成 Dianzhen_CHINA.hex 控制程序文件。

3.4.5　下载控制程序

参照 3.2.4 节下载测试程序的方法，将编译生成的 Dianzhen_CHINA.hex 控制程序文件下载至控制电路板中，观察 LED 点阵电路滚动显示的图形是否符合预期，并验证 SW1 和 SW2 的功能。

3.4.6　控制字符滚动方向

打开 main.c 文件，尝试将 LEDStrShow 函数中的"for(r=7;r>=0;r--)"语句修改为"for(r=0;r<8;r++)"，重新下载程序，字符由向上滚动显示变为向下滚动显示，但字符内容显示会出现颠倒现象。

此时，还应进一步修改字符编码，才能使字符滚动方向变化的同时，字符内容显示正常，此问题留给大家思考，并请在实践中进行验证。

拓展： 商业中实际使用的 LED 显示屏比上述例子要复杂得多。它通过一定的控制方式，用于显示文字、图形、图像、动画、行情等各种信息以及电视、录像信号。作为新一代的显示媒体，LED 显示屏已广泛应用在展览中心、交易中心、证券以及车站、机场、码头、人才市场等有营业大厅的各种公共场合。

3.5　本章小结

本章介绍了简单电路的原理图和 PCB 设计软件使用方法，还学习了 LED 点阵电路控制程序的编程软件使用方法，了解了控制程序的基本原理；安排了设计 8×8 LED 显示点阵电路的原理图和 PCB 图的操作实训，以及相应的控制程序下载、调试等实践环节。

通过本章的学习，希望读者能初步掌握简单电路的设计及其控制程序调试方法，提高读者学习计算机专业知识的兴趣，增强今后专业课程中学习硬件技术、编程技术等的动力。

3.6　思考与练习

（1）查看 Altium Designer 软件的元件库，了解常用电阻、电容、电感、二极管、三极管和开关按钮所在的位置和名称，并在原理图中尝试添加这些元件的几种不同类型的符号，了解这些元件的电路符号和主要参数。

（2）了解控制 8×8 LED 点阵的测试程序基本原理，并尝试用 3.2.3 节中的测试程序去控制自己焊接的 8×8 LED 点阵电路，提供拍摄的控制效果照片。

（3）按"实训 1"的要求，用 Altium Designer 软件绘制 8×8 LED 点阵电路原理图，并自动生成 PCB 图。然后对元器件位置的布局进行适当调整，使元器件和连线整齐分布在 PCB 图的黑色有效区域内，提供效果图（屏幕截图）。

（4）按"实训 2"的要求，通过编辑和修改工程文件 Task 3.2_CHINA 的 main.c 程序，实现滚动显示个人的姓名首字母、学号最后两位数字，并控制滚动方向。然后根据滚动显示的原理，进一步钻研和创新，以探究其他动态显示方案，如"滚动+闪烁"。

第 4 章　计算机网络与安全基础

学习目标

- ☑ 了解计算机网络的拓扑结构。
- ☑ 了解计算机网络的安全常识。
- ☑ 学会搭建简单的局域网。

学习任务

完成下面的认知和实训任务，记录学习过程中遇到的问题，并在实训中通过动手实践去努力解决问题。

- ☑ 认知1：互联网和局域网的基本知识。
- ☑ 认知2：计算机网络的安全常识。
- ☑ 实训1：单路由器局域网的搭建。
- ☑ 实训2：双路由器局域网的搭建。
- ☑ 实训3：局域网的测试与防护。

4.1　互联网和局域网的基本知识

4.1.1　Internet 知识简介

Internet 即因特网，起源于美国，现在已成为连通全世界的一个超级计算机互联网络。Internet 分为 3 个层次：底层网、中间层网、主干网。底层网为大学校园网或企业网，中间层网为地区网络和商用网络，最高层为主干网。主干网一般由国家或大型公司投资组建，目前美国高级网络服务（Advanced Network Services，ANS）公司所建设的 ANSNET 为因特网的主干网。Internet 主要包括物理网、TCP/IP 通信协议、应用软件和信息资源等部分。

（1）物理网主要由大小不同的网络（从局域网、城域网到广域网）和连接这些网络的网络互联设备（路由器、网关、交换机等）组成，它主要涉及 Internet 的硬件部分，是 Internet 的基础。

（2）TCP/IP 通信协议是一组通信双方事先约定的通信规则，它能够完成信息的传输，将传输的信息转换成用户能够识别的信息。Internet 之所以能够完成各类网络的互联，正是由于 TCP/IP 通信协议的存在，因此，它是 Internet 的保障。

（3）应用软件是指用户接入 Internet 的界面，只有通过应用软件才能获取 Internet 上提供的服务或资源。日常生活中，常用的因特网应用软件有 WWW 浏览器和电子邮件通信软件，应用软件是用户与信息资源之间的媒介。

（4）信息资源是 Internet 的核心，主要包括各类文本、声音、图像等多媒体信息，它是人们使用因特网的根本目的——获取信息资源。

计算机网络按照网络通信过程中覆盖的地理范围，可分为局域网、城域网和广域网。LAN（local area network，局域网）即局部区域网络，如其名字所言，它的覆盖范围相对较小，从几百米到几千米不等，通常一个办公室、一个实验室、一栋办公大楼或一个宿舍区即采用局域网；MAN（metropolitan area network，城域网）将一个特定范围的 LAN 网络进行互联，从而构成一个范围更大的网络，这个范围在几千米到几十千米之间，如一个大学城、一个区或一个城市；WAN（wide area network，广域网）是一个覆盖范围更大、涉及的计算机通信设备更丰富的网络，它的范围一般在几十千米以上，通常一个省份、一个国家，甚至一个大洲可构成一个广域网络，Internet 就属于广域网。

日常生活中校园公共网络、图书馆无线共享网络、宿舍有线网络等都属于局域网。在局域网中，常常会使用若干种互联设备，形成多台计算机或移动设备之间的一个闭环，保持多种设备之间的正常通信，如中继器、交换机、网桥、路由器等，图 4-1 所示为这些设备常见的外形示例（从左至右依次为中继器、网桥、路由器、交换机）。

中继器　　　　网桥　　　　　路由器　　　　　　交换机

图 4-1　常见网络互联设备

互联网能提供的基本服务有多种，如 WWW、电子邮件、远程登录、文件传输等服务。下面简介几种常用服务。

1．WWW 服务

WWW（World Wide Web，万维网）服务是目前应用最广泛的一种基本互联网应用，我们每天上网都要用到这种服务。通过 WWW 服务，只要用鼠标进行本地操作，就可以"到达"世界上的任何地方。由于 WWW 服务使用的是超文本标记语言（hyper text markup language，HTML），所以可以很方便地从一个信息页转换到另一个信息页。它不仅能查看文字，还可以欣赏图片、音乐和动画。最流行的 WWW 服务的程序就是微软的 IE 浏览器，其特点如下。

（1）以超文本方式组织网络多媒体信息。

（2）用户可以在世界范围内任意查找、检索、浏览和添加信息。

（3）提供生动直观、易于使用且统一的图形用户界面。

（4）服务器之间可以互相链接。

（5）可以访问图像、声音、影像和文本型信息。

2．电子邮件服务

电子邮件（E-mail）服务是目前最常见、应用最广泛的一种互联网服务。通过电子邮件，可以与 Internet 上的任何人交换信息。由于电子邮件具有快速、高效、方便和廉价等优势，因此得到了越来越广泛的应用。目前，全球平均每天有几千万份电子邮件在网上传输。邮件传递流程具体如下。

1）邮件加入 MTA 服务器队列

使用邮件用户代理（MUA）创建一封电子邮件，邮件创建后被送到该用户的本地邮件服务器的邮件传输代理（MTA），传送过程使用的是 SMTP 协议。此邮件被加入本地 MTA 服务器的队列中。

2）邮件存入本地服务器 MailBox

邮件传输代理（MTA）检查收件用户是否为本地邮件服务器的用户，如果收件人是本机的用户，服务器将邮件存入本机的 MailBox 中。

3）邮件发送至接收方的 MTA

如果邮件收件人并非本机用户，MTA 检查该邮件的收信人，向 DNS 服务器查询接收方 MTA 对应的域名，然后将邮件发送至接收方的 MTA，使用的仍然是 SMTP 协议，这时，邮件已经从本地的用户工作站发送到收件人 ISP 的邮件服务器，并且转发到远程的域中。

4）邮件保存至目标服务器 MailBox

远程邮件服务器比对收到的邮件，如果邮件地址是本服务器地址，则将邮件保存在 MailBox 中，否则继续转发到目标邮件服务器。

5）远端用户获得使用授权

远端用户连接到远程邮件服务器的 POP3（110 号端口）或者 IMAP（143 号端口）接口上，通过账号和密码获得使用授权。

6）邮件发送给收件人 MUA

邮件服务器将远端用户账号下的邮件取出并且发送给收件人 MUA。

常用免费邮箱参数可参见附录 B。

3．远程登录服务

远程登录是指把本地计算机通过 Internet 连接到一台远程分时系统计算机上，登录成功后本地计算机完全成为对方主机的一个远程仿真终端用户。这时本地计算机和远程主机的普通终端一样，能够使用的资源和工作方式完全取决于远程主机。

1）远程登录的条件

要实现远程登录，本地计算机须运行 TCP/IP 通信协议 Telnet，或称之为远程登录应用程序，此外，还要成为远程计算机的合法用户，也就是通过注册，取得一个指定的用户名，即登录标识（login identifier）和口令（password）。当然，Internet 上也有许多免费的系统可供使用，这些系统无须注册。进入这些系统时一般可以省略登录标识和口令，即使需要输入它们，系统也会提示用户如何输入。

2）远程登录的过程

启动 Telnet 应用程序进行登录时，首先给出远程计算机的域名或 IP 地址，系统开始建立本地计算机与远程计算机的连接。连接建立后，再根据登录过程中远程计算机系统的询问正确地输入自己的用户名和口令，登录成功后，用户的键盘和计算机就好像与远程计算机直接相连一样，可以直接输入该系统的命令或执行计算机上的应用程序。工作完成后，可以退出登录，结束 Telnet 的联机过程，返回到自己的计算机系统。

3）远程登录的意义和作用

远程登录的应用十分广泛，其意义和作用如下。

（1）提高本地计算机的性能。由于通过登录计算机，用户可以直接使用远程计算机的资源，因此，在个人计算机上不能完成的复杂处理都可以通过登录到可以进行该处理的计算机上去完成，从而大大提高了本地计算机的处理功能。这也是 Telnet 应用十分广泛的重要原因。

（2）扩大计算机系统的通用性。有些软件系统只能在特定的计算机上运行，通过远程登录，不能运行这些软件的计算机也可以使用这些软件，从而扩大了它们的通用性。

（3）使用 Internet 的其他功能。通过远程登录几乎可以使用后面将介绍的 Internet 各种功能。例如，登录到一台 WWW 服务器上就可以进行浏览查询。在 Internet 的实际应用过程中，用其他软件登录不成功时，往往可以尝试用 Telnet 登录，若登录成功即可完成相应的功能。

（4）访问大型数据库的联机检索系统。大型数据库的联机检索系统，如 Dialog 或 Medline，其终端一般只安装简单的通信软件，即通过本地 Dialog 或者 Medline 的远程访问程序进行远程检索。由于这些大型数据库系统的主机往往都装载有 TCP/IP，故通过 Internet 也可以进行检索。

4．文件传输服务

Internet 的入网用户可以利用 FTP（file transfer protocol，文件传输协议）命令系统进行计算机之间的文件传输，使用 FTP 几乎可以传送任何类型的多媒体文件，如图像、声音、数据压缩文件等。FTP 服务需要 TCP/IP 的文件传输协议支持，其特点如下。

1）交换数据简便、快捷

采用 FTP 传输文件时，不需要对文件进行复杂的转换，因此，FTP 比任何其他方法交换数据都要快得多。Internet 与 FTP 的结合，可以使每个联网的计算机都拥有一个容量巨大的备份文件库，这是单个计算机无法比拟的优势。

2）文件实时联机传输

文件传输服务是一种实时的联机服务。在进行文件传输服务时，首先要登录到对方的计算机上，登录后只可以进行与文件查询、文件传输相关的操作。

不过，FTP 也存在一个缺点，那就是用户在文件"下载"到本地之前，无法了解文件的内容。这里所说的"下载"就是把远程主机上的软件、文字、图片、图像与声音信息转存到本地硬盘上。

4.1.2　常见网络拓扑结构

网络拓扑结构定义了各种计算机、网络终端、网络设备的连接方式。通俗地说，网络拓扑结构描述了计算机与通信设备是如何连接在一起的。常见的网络拓扑结构有总线型、星形、环形和树形等。

1．总线型网络拓扑结构

总线型网络拓扑结构仅使用一根线缆来连接所有设备，如图 4-2 所示。总线型拓扑结构相对简单，布线也容易。如果要增加/移除设备，则只需要在总线上加接/拆除 T 形头，过程易于实现。该结构的缺点是总线上承担了太多的设备，数据通信速率容易受限。这种结构的瓶颈问题往往出现在总线上，一旦总线本身发生故障，则整个系统都会崩溃。

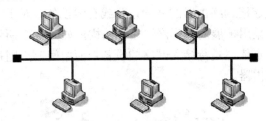

图 4-2　总线型网络拓扑结构

2．星形网络拓扑结构

星形网络拓扑结构是以太网中普遍使用的物理拓扑结构，如图 4-3 所示。星形拓扑结构有一个中心汇集点（如集线器、交换机、路由器等），所有的线缆分段都在这个中心汇集点上集中。星形拓扑的特点是每台主机都是通过独立线缆连接中心设备，该线缆的故障只影响连接的主机，而不会影响到网络中的其他主机，故以太网组网时通常使用星形拓扑结构。

3．环形网络拓扑结构

环形网络拓扑结构是 LAN 连接中另一种重要的拓扑结构，所有主机都连成一个环或圆形。网络中所有设备共享一条线缆，并且数据只沿一个方向传输，如图 4-4 所示。

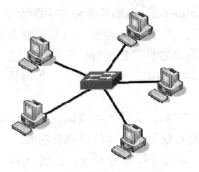

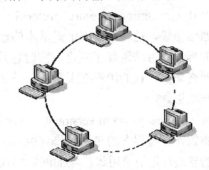

图 4-3　星形网络拓扑结构　　　　　图 4-4　环形网络拓扑结构

每台设备必须等待，直到轮到它发送数据时才能发送数据。环形拓扑结构的特点是传输速率高、传输距离远，由于环形结构内部各个节点的地位和作用是相同的，因此容易实现分布式控制。但它的缺点也很明显，即一个站点的故障会引起整个网络的崩溃。这类拓扑结构广泛存在于需要进行分布式计算的场景。

4．树形网络拓扑结构

树形网络拓扑结构是一种分层级的结构，各节点按照层次来排列，如图4-5所示。

由于这种层级关系，信息的交换只会发生在上下层节点之间，而相同层级的节点不会发生数据交换。树形结构的优点是通信线路连接相对简单，网络管理软件并不复杂，维护也方便；缺点是相邻层级之间的结点共享信息能力差、可靠性低，任何一个工作站或者链路的故障都会影响到其他链路的正常运行。

在居家生活中，组网最常采用的是星形网络拓扑结构。这种结构的中心汇集点设备是路由器，四周的节点是连接到路由器的移动设备或有线设备。对于大户型家庭，如独栋多层的住房，组网则可能采用扩展的星形网络拓扑结构，如图4-6所示，这类结构是星形结构的拓展，每个末端节点依然是待接入网络的设备，而中间节点则是交换机或路由器，连接中间节点的设备为路由器。

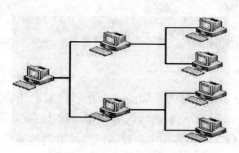 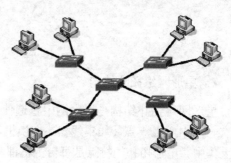

图4-5　树形网络拓扑结构　　　　　图4-6　扩展的星形网络拓扑结构

4.1.3　局域网的几个基本概念

1．TCP/IP

TCP/IP（transmission control protocol/internet protocol，传输控制协议/网际协议），也称为网络通信协议，是网络使用中最基本的通信协议。TCP/IP传输协议对互联网中各部分进行通信的标准和方法进行了规定，同时也是保证网络数据信息及时、完整传输的两个重要协议。严格来说，TCP/IP传输协议是一个四层的体系结构，包含应用层、传输层、网络层和数据链路层。

IPv4（internet protocol version 4，网际协议版本4），又称为互联网通信协议第四版，是网际协议开发过程中的第四个修订版本，也是此协议第一个被广泛部署的版本。IPv4是互联网的核心，也是使用最广泛的网际协议版本，其后继版本为IPv6。直到2011年，IPv4地址完全用尽时，IPv6仍处在部署的初期。

2．互联网名称与数字地址分配机构

ICANN（Internet Corporation for Assigned Names and Numbers，互联网名称与数字地址分配机构）是一个非营利性的国际组织，成立于1998年10月，是一个集合了全球网络界商业、技术及学术各领域专家的非营利性国际组织，负责在全球范围内对互联网唯一标识

符系统及其安全稳定的运营进行协调，包括互联网协议（IP）地址的空间分配、协议标识符的指派、通用顶级域名（gTLD）以及国家和地区顶级域名（ccTLD）系统的管理、根服务器系统的管理。这些服务最初是在美国政府合同下由 IANA（Internet Assigned Numbers Authority，互联网号码分配局）以及其他一些组织提供，ICANN 行使 IANA 的职能。

拓展：IPv4 协议下，美国具有互联网的先发优势，我国没有一台属于自己的根服务器，在互联网话语权和网络安全上我国几乎没有主动权。在"雪人计划"的主导下，截至 2017 年 11 月 28 日，在全球已经架设了 25 台 IPv6 根服务器，其中，我国架设了 1 台主根服务器、3 台辅根服务器。这对我国在互联网安全及全球互联网的公平性方面来说是一个很大的进步。

3．IP 地址

IP 地址（Internet protocol address）是指互联网协议地址，又称为网际协议地址。IP 地址是 IP 协议提供的一种统一的地址格式，它为互联网上的每一个网络和每一台主机分配一个逻辑地址，以此来屏蔽物理地址的差异。

IP 地址可以通过在命令提示符窗口输入命令"ipconfig /all"字符串查询获得，结果如图 4-7 所示。

图 4-7　使用"ipconfig/all"命令查询的结果

可以看出，IP 地址由 4 组 8 位二进制数构成，每一组为一个字节，因此一个 IP 地址由 4 个字节组成。例如，IP 地址 192.168.1.108 对应的二进制数形式如下：

11000000　10101000　00000001　01101100

为了方便阅读，通常将符合计算机"阅读"习惯的二进制数转换成在日常生活中更常用的十进制数形式，且每个数字之间用标点符号"."隔开。

在 IPv4 所允许的大约 40 亿地址中，3 个地址块被保留为专用网络。这些地址块在专用网络之外不可路由，专用网络之内的主机也不能直接与公共网络通信。但通过网络地址转换（NAT），使用这些地址的主机可以像拥有共有地址的主机一样在互联网上通信。表 4-1 展示了 3 个被保留为专用网络的地址块。

表 4-1　被保留为专用网络的地址块

名　字	地 址 范 围	地 址 数 量	类 别 描 述
24 位块	10.0.0.0～10.255.255.255	16777216	一个 A 类
20 位块	172.16.0.0～172.31.255.255	1048576	连续的 16 个 B 类
16 位块	192.168.0.0～192.168.255.255	65536	连续的 256 个 C 类

4．子网掩码和网关

子网掩码（subnet mask）是一个 32 位地址，是与 IP 地址结合使用的一种技术。它的主要作用有两个：一是用于屏蔽 IP 地址的一部分，以区别网络标识和主机标识，并说明该 IP 地址是在局域网上还是在远程网上；二是用于将一个大的 IP 网络划分为若干个小的子网络。

这里所指的"网关"是 TCP/IP 下的网关（gateway），实质上是一个网络通向其他网络的 IP 地址。例如，有网络 A 和网络 B，网络 A 的 IP 地址范围为 192.168.1.1～192.168.1.254，子网掩码为 255.255.255.0；网络 B 的 IP 地址范围为 192.168.2.1～192.168.2.254，子网掩码为 255.255.255.0。在没有路由器的情况下，两个网络之间是不能进行 TCP/IP 通信的，即使是两个网络连接在同一台交换机（或集线器）上，TCP/IP 也会根据子网掩码与主机的 IP 地址进行"与"运算的结果不同，而判定两个网络中的主机处在不同的网络里。而要实现这两个网络之间的通信，则必须通过网关。如果网络 A 中的主机发现数据包的目的主机不在本地网络中，就把数据包转发给它自己的网关，再由网关转发给网络 B 的网关，网络 B 的网关再转发给网络 B 的某个主机。这就是网络 A 向网络 B 转发数据包的过程。

要想使用 TCP/IP 实现不同网络之间的相互通信，则必须设置好网关的 IP 地址。那么，这个网关的 IP 地址是哪台设备的 IP 地址呢？这个问题必须清楚，否则网络可能无法连接。

网关的 IP 地址应该是具有路由功能的设备的 IP 地址。例如，路由器、启用了路由协议的服务器（实质上相当于一台路由器）、代理服务器（也相当于一台路由器）等，都属于具有路由功能的设备。

5．域名

域名（domain name）是 Internet 上某一台计算机或计算机组的名称，用于在数据传输时标识计算机的电子方位（有时也指地理位置）。

域名由一串用点分隔的名字组成，通常包含组织名，而且始终包括 2～3 个字母的后缀，以指明组织的类型或该域所在的国家或地区。例如，百度公司的域名为 www.baidu.com，肇庆市人民政府的域名为 www.zhaoqing.gov.cn。

6．DNS 服务器

DNS（domain name server，域名服务器）是进行域名和相对应的 IP 地址转换的服务器。DNS 中保存了一张域名和与之相对应的 IP 地址的表，以解析消息的域名。

一般在连接无线网络时，通常使用的是"自动获得 IP 地址"的动态设置。但如果网络管理员禁用了动态 IP 上网，分配某一个固定的静态 IP 地址给用户上网，则用户需要在个人设备上设置指定 IP 地址、子网掩码、网关和 DNS 服务器后，才能用域名访问互联网，如图 4-8 所示。

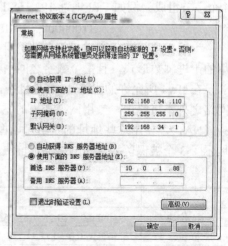

图 4-8　静态 IP 地址参数设置

7. 路由器的 DHCP

DHCP（dynamic host configuration protocol，动态主机配置协议）作用是使客户机自动获取 IP。DHCP 服务能自动为网络客户机的 TCP/IP 分配 IP 地址、子网掩码、默认网关以及 DNS 服务器的 IP 地址。它能使网络管理员不用前往现场就能对每台计算机上的 TCP/IP 参数进行配置，一切设置的修改直接在服务器上即可完成。DHCP 避免了因手动设置 IP 地址及子网掩码所产生的错误，同时也避免了把一个 IP 地址分配给多台计算机所造成的地址冲突，而客户机也只需将 TCP/IP 配置全部设置为"自动获取"即可上网。DHCP 服务降低了管理 IP 地址设置的负担，使用 DHCP 服务器大大缩短了配置或重新配置网络中工作站所花费的时间，达到了最高效地利用有限的 IP 地址的目的。由于包含 IP 地址的相关 TCP/IP 配置参数是 DHCP 服务器"临时发放"给客户端使用的，所以当客户机断开与服务器的连接后，旧的 IP 地址将被释放以便重用。

通常地，路由器的登录地址、用户和密码会在路由器背面标注，如图 4-9 所示，管理页面地址为 tplogin.cn。有的路由器管理页面也可能为 IP 地址的形式，例如，管理页面地址为 192.168.0.1。

图 4-9　路由器背面的登录信息

以如图 4-9 所示路由器为例，其管理页面登录地址为 tplogin.cn，因此该路由器设置 DHCP 的步骤如下。

（1）打开浏览器，在地址栏中输入"tplogin.cn"字符串。

（2）按提示要求，分别输入路由器的用户名和密码，进入路由管理界面。

（3）选择"路由设置"图标，进入设置界面，再选择左边栏中的"DHCP 服务器"→"DHCP 服务"选项，然后选择"启用"命令。

（4）输入地址池的"开始 IP 地址"和"结束 IP 地址"。

如果地址池 IP 地址为 192.168.0.100～192.168.0.199，表示客户机将只能在该地址范围内自动获取其中某个 IP 地址。

📢 **注意：** 路由器背面一般都标注了路由器的初始登录 IP 地址、用户名、密码等信息，但也有的路由器只有初始管理页面登录地址（如 tplogin.cn），而无用户名、密码登录信息，首次登录时会要求输入用户名和密码。

4.2 计算机网络的安全常识

网络安全是一个关系国家安全和主权、社会稳定的重大问题，它涉及多种学科，如通信技术、密码技术、应用数学、数论、信息论等方面。无论是互联网还是局域网，网络都面临着各种安全威胁。例如，网络中的计算机可能受到非法入侵者的攻击，敏感数据可能泄露或者被修改，内部网络向公共网络传送的消息可能被他人窃听或者篡改等。

4.2.1 常见的安全威胁

网络安全威胁非常多，而且多年来一直有新的安全威胁出现，较为常见的安全威胁如下。

1．窃听

窃听是指攻击者通过监视网络数据来获得敏感信息。

2．重传

重传是指攻击者事先获得部分或者全部消息，然后将这部分消息发送给其他接收者。

3．伪造

伪造是指攻击者将伪造信息发送给接收者。

4．篡改

篡改是指攻击者对合法用户之间的通信信息进行修改、删除等操作，然后再交给接收者。

5．非授权访问

非授权访问是指事先未经过授权就访问数据库等计算机资源。

6．行为否认

行为否认是指通信实体否认已经发生过的行为。

7．传播病毒

传播病毒是指通过网络传播计算机病毒，会导致计算机系统的资源和数据文件损坏或丢失。

目前，网络安全威胁主要包括"黑客"攻击和带有极强破坏性的病毒传播，其中，黑客是目前影响网络安全的最重要威胁。

4.2.2 网络安全防范方法

网络的安全问题，应该像每家每户的防火防盗问题一样，做到防患于未然。面对各种网络安全威胁，安全防范方法也有很多，最基本的方法是打开计算机的防火墙，或额外安装专门的防火墙软件。当然，平常还要注意如下几点。

1．不要随意用浏览器打开来历不明的网页

对自己不了解的网站或不明来源的网址，不要随意打开浏览。由于这一类网站可能包含有害代码的 ActiveX 网页文件，因此，将 IE 设置中的 ActiveX 插件和控件、脚本等全部禁止可以减少被攻击的可能性。但这样付出的代价是无法保证某些网页功能的正常使用。

2．勿随意安装来历不明的软件

陌生网友发送过来的程序或者在盗版网站上下载的非法软件可能藏有未知病毒，随意安装使用可能导致计算机发生不可预知的损坏或在不知不觉间受到监听。

3．养成定期杀毒的好习惯

尤其是对于经常需要拔插 U 盘的计算机来说，更需要定期使用杀毒软件来查杀计算机文件。

4．不要在别人的计算机上登录涉及个人账号和密码的网站

在陌生计算机上登录涉及个人账号和密码的网站，有可能会被网站 Cookie 收集并记住个人账号和密码。在公共网络中登录相关网站后，应在设置中清除个人浏览的历史记录和删除临时文件。

4.3　实训 1：单路由器局域网的搭建

实训目标

（1）学会路由器搭建局域网的网络连接方法。

（2）掌握路由器和网络参数的基本设置。

实训要求

（1）使用一个路由器搭建局域网。

（2）完成路由器有线上网和无线上网的网络参数设置。

实训环境

（1）可联网的台式机。

（2）带水晶头的网线，数量若干。

（3）路由器 TL-WR886N V4。

4.3.1　IP 地址中"x"的说明

　　本节所述的 IP 地址，如果其中含有"x"，均表示学生机编号（1～60）。实验时，请用学生机编号替换其中的"x"。

4.3.2　路由器外观和管理页面登录

　　以 TL-WR886N V4 无线路由器为例，路由器背面的接口如图 4-10 所示。另外，其底面的标签纸上有路由器管理页面的网址"tplogin.cn"。因此，在网络硬件连通的情况下，用户只要在浏览器中输入"tplogin.cn"字符串，即可进入管理页面，从而进一步设置和修改路由器的网络参数。如图 4-10 所示的路由器背面各个接口功能简介如下。

图 4-10　路由器背面的接口

1．Power 接口

电源接口，一般为直流 9V 或 12V 电源。

2．Reset 按键

复位键，该按键隐藏在路由器内部，需用针状物持续按下 6s 以上，待路由器接口灯全灭时松开，可以还原路由器的出厂配置。

3．WAN 接口

WAN 接口是连接外网的接口，接宽带外网线或宽带猫。

4．LAN 1/2/3/4 接口

LAN 1/2/3/4 接口是局域网接口，上网终端设备与路由器中任一 LAN 接口连接均可。

4.3.3　单路由器有线上网

　　单路由器有线上网实验前，应先将路由器的 WAN 口和服务商提供的上网接口用一根网线连接，再使用另一根网线将学生机网卡接口与路由器的任一 LAN 口连接。
　　一人一组开展实验，具体设置要求如下。

1．单路由器自动 IP 有线上网

1）路由器参数设置
进入路由器管理页面设置，其参数如表 4-2 所示。

表 4-2　单路由器自动 IP 有线上网的路由器参数

参　数		内　容	备　注
WAN 口参数	IP 地址	172.21.105.101	IP、子网掩码、网关、DNS 均由服务商提供，实验时请修改为当前学生机的上网参数
	子网掩码	255.255.255.0	
	网关	172.21.105.254	
	DNS	10.0.1.88	
LAN 口参数	IP 地址	192.168.x.1	IP 地址中的"x"指学生机的编号（1~60）
	子网掩码	255.255.255.0	
	DHCP 功能选择	"启用"或"开"	
	地址池开始地址	192.168.x.100	
	地址池结束地址	192.168.x.199	

提示：由于同一实验室，表 4-2 中 WAN 口的网关一般相同，而 WAN 中的 IP 地址不能出现相同的情况，否则会引起 IP 地址冲突，无法正常上网。实验前，务必先记录好学生机初始的 WAN 口上网参数。

2）学生机参数设置

依次选择"开始"→"控制面板"→"网络和 Internet"→"网络连接"命令，双击"本地连接"图标后弹出对应的对话框，如图 4-11 所示。

接下来，单击图 4-11 中的"属性"按钮，即可进入"Internet 协议版本 4（TCP/IPv4）属性"对话框，如图 4-12 所示，选中"自动获得 IP 地址"和"自动获得 DNS 服务器地址"单选按钮，然后单击"确定"按钮退出该对话框。

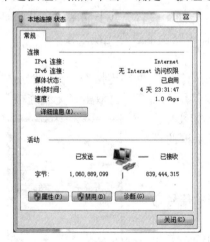

图 4-11　"本地连接 状态"对话框　　图 4-12　"Internet 协议版本 4（TCP/IPv4）属性"对话框

3）测试上网功能

使用浏览器上网测试，此时学生机应能正常上网。

2. 单路由器静态 IP 有线上网

1）路由器参数设置

参数设置如表 4-2 所示。不同之处是 DHCP 功能设置为"不启用"或"关"。设置完成后，学生机将无法使用自动 IP 上网。

2）学生机参数设置

在图 4-12 所示的"Internet 协议版本 4（TCP/IPv4）属性"对话框中选中"使用下面的 IP 地址"单选按钮，填写详细参数（见表 4-3），然后单击"确定"按钮。

表 4-3　单路由器静态 IP 有线上网的学生机参数

参　　数	内　　容	备　　注
IP 地址	192.168.x.101	IP 地址可以设置为路由器的地址池中任一地址，网关为路由器的 LAN 口 IP 地址，子网掩码、DNS 由服务商提供，"x"为学生机的编号（1~60）
子网掩码	255.255.255.0	
网关	192.168.x.1	
DNS	10.0.1.88	

3）测试上网功能

使用浏览器上网测试，此时学生机应能正常上网。

4.3.4　单路由器无线上网

单路由器无线上网实验前，仅需将路由器的 WAN 口和服务商提供的上网接口用一根网线连接即可，但上网的学生机需要有无线网卡，且应预先安装好无线网卡的驱动程序。

一人一组开展实验，具体设置要求如下。

1. 单路由器自动 IP 无线上网　

1）路由器参数设置

参数设置如表 4-2 所示。另外，还需在路由器管理界面中设置无线上网密码，并记录路由器的 SSID（服务集标识符）名称，以便学生机选择该路由器进行无线连接。

2）学生机参数设置

依次选择"开始"→"控制面板"→"网络和 Internet"→"网络连接"命令，然后先右击"本地连接"图标，并在弹出的快捷菜单中选择"禁用"命令，再双击"无线连接"图标，在弹出窗口中单击"属性"按钮，即可进入无线网卡的"Internet 协议版本 4（TCP/IPv4）属性"对话框。此对话框的详细参数如表 4-3 所示。

3）学生机连接无线网络

单击计算机桌面右下角"无线网络"图标，在打开的信号列表中选择自己 SSID 对应的无线信号，选中"自动连接"复选框，如图 4-13 所示，再单击"连接"按钮，在弹出的窗口中输入无线上网密码，单击"确定"按钮即可。

4）测试上网功能

使用浏览器上网测试，此时学生机应能正常上网。

2. 单路由器静态 IP 无线上网　

1）路由器参数设置

参见本节第 1 点所述的路由器参数设置。不同之处是 DHCP 功能设置为"不启用"或

图 4-13　连接无线网络

"关"，以禁用动态 IP 方式上网。

2）学生机参数设置

双击"无线连接"图标后，在弹出窗口中单击"属性"按钮，进入无线网卡的"Internet 协议版本 4（TCP/IPv4）属性"对话框。此对话框的详细参数如表 4-3 所示。

3）学生机连接无线网络

参见本节第 1 点的学生机连接无线网络方法，此处不再赘述。

4）测试上网功能

使用浏览器上网测试，此时学生机应能正常上网。

4.4 实训 2：双路由器局域网的搭建

实训目标

（1）学会用路由器当交换机使用时的局域网连接方法。

（2）学会两级路由器构建的局域网连接和网络参数设置方法。

实训要求

（1）使用两个路由器搭建"路由器+交换机"的局域网。

（2）使用两个路由器搭建两级路由的局域网。

实训环境

（1）可联网的台式机。

（2）带水晶头的网线，数量若干。

（3）路由器 TL-WR886N V4。

4.4.1 IP 地址中"x"和"y"的说明

本节所述的 IP 地址，如果其中含有"x"或"y"，均表示学生机编号（1～60）。实验时，请用学生机 1 的编号替换其中的"x"，学生机 2 的编号替换其中的"y"，且"x"和"y"为两个不同的编号。

4.4.2 "路由器+交换机"有线上网

"路由器+交换机"有线上网实验，需要两台路由器，假设它们分别为路由器 1 和路由器 2。实验前，应先将路由器 2 的任一 LAN 口和路由器 1 的任一 LAN 口用一根网线连接，然后将路由器 1 的 WAN 口和服务商提供的上网接口使用另一根网线连接，最后将学生机 1 的网卡接口用一根网线连接至路由器 1 的任一 LAN 口，学生机 2 的网卡接口用一根网线连接至路由器 2 的任一 LAN 口。

两人一组开展实验，具体实验要求如下。

1．"路由器+交换机"自动 IP 有线上网

1）路由器参数设置

（1）路由器 1 的参数如表 4-2 所示。

（2）路由器 2 此时仅相当于一台交换机，其网络参数无须做任何设置，它的功能是扩展了路由器 1 的 LAN 口数量。

2）学生机参数设置

（1）学生机 1 的参数，参见 4.3.3 节第 1 点所述"单路由器自动 IP 有线上网"的学生机参数设置。

（2）学生机 2 与学生机 1 的参数完全相同。

3）测试上网功能

使用浏览器上网测试，此时学生机 1 和学生机 2 应都能正常上网。

2．"路由器+交换机"静态 IP 有线上网

1）路由器参数设置

（1）路由器 1 的参数如表 4-2 所示，不同之处是 DHCP 功能设置为"不启用"或"关"。设置完成后，学生机 1 和学生机 2 均将无法使用自动 IP 上网。

（2）路由器 2 此时仅相当于一台交换机，其网络参数无须做任何设置，它的功能是扩展了路由器 1 的 LAN 口数量。

2）学生机参数设置

（1）学生机 1 的参数设置如表 4-3 所示。

（2）学生机 2 与学生机 1 的参数，仅 IP 地址不同，其他参数均完全相同。学生机 2 的 IP 地址可设置为路由器 1 的 LAN 口地址池中任一地址，但不能与学生机 1 的 IP 地址重叠。例如，学生机 1 的 IP 地址为 192.168.x.101 时，学生机 2 的 IP 地址则可设为 192.168.x.102，两者 IP 地址中的"x"应相同。

3）测试上网功能

使用浏览器上网测试，此时学生机 1 和学生机 2 应都能正常上网。

4.4.3 两级路由器有线上网

两级路由器有线上网实验，需要两台路由器，假设它们分别为路由器 1 和路由器 2。实验前，应先将路由器 2 的 WAN 口和路由器 1 的任一 LAN 口用一根网线连接，然后将路由器 1 的 WAN 口和服务商提供的上网接口用另一根网线连接，最后将学生机 1 的网卡接口用一根网线连接至路由器 1 的任一 LAN 口，学生机 2 的网卡接口用一根网线连接至路由器 2 的任一 LAN 口。

两人一组开展实验，具体实验要求如下。

1．两级路由器自动 IP 有线上网

1）路由器参数设置

（1）路由器 1 的参数如表 4-2 所示，不同之处是 DHCP 功能设置为"不启用"或"关"。

（2）路由器 2 的参数设置如表 4-4 所示。

表 4-4　两级路由器自动 IP 有线上网的路由器 2 参数

参　　数		内　　容	备　　注
WAN 口参数	IP 地址	192.168.x.100	IP 地址可设置为路由器 1 的地址池中任一地址，网关为路由器 1 的 LAN 口 IP 地址，子网掩码、DNS 由服务商提供，IP 地址中的"x"为学生机 1 的编号（1～60）
	子网掩码	255.255.255.0	
	网关	192.168.x.1	
	DNS	10.0.1.88	
LAN 口参数	IP 地址	192.168.y.1	IP 地址中的"y"为学生机 2 的编号（1～60）
	子网掩码	255.255.255.0	
	DHCP 功能选择	"启用"或"开"	
	地址池开始地址	192.168.y.100	
	地址池结束地址	192.168.y.199	

2）学生机参数设置

（1）学生机 1 的参数，参见 4.3.3 节第 1 点所述"单路由器自动 IP 有线上网"的学生机参数设置。

（2）学生机 2 与学生机 1 的参数完全相同。

3）测试上网功能

使用浏览器上网测试，此时学生机 1 和学生机 2 应都能正常上网。

2．两级路由器静态 IP 有线上网

1）路由器参数设置

（1）路由器 1 的参数设置如表 4-2 所示，不同之处是 DHCP 功能设置为"不启用"或"关"。

（2）路由器 2 的参数设置如表 4-4 所示，不同之处是 DHCP 功能设置为"不启用"或"关"。

2）学生机参数设置

（1）学生机 1 的参数设置如表 4-3 所示。学生机 1 的 IP 地址虽然可以设置为路由器 1 的 LAN 口地址池中任一地址，但不能与路由器 2 的 WAN 口 IP 地址重叠。例如，学生机 1 的 IP 地址为 192.168.x.101 时，路由器 2 的 WAN 口 IP 地址可设为 192.168.x.100，两者 IP 地址中的"x"应相同。

（2）学生机 2 的参数设置如表 4-5 所示。学生机 2 的 IP 地址可设置为路由器 2 的 LAN 口地址池中任一地址。

表 4-5　两级路由器静态 IP 有线上网时学生机 2 参数

参　　数	内　　容	备　　注
IP 地址	192.168.y.101	IP 地址可以设置为路由器 2 的地址池中任一地址，网关为路由器 2 的 LAN 口 IP 地址，子网掩码、DNS 由服务商提供，"y"为学生机 2 的编号（1～60）
子网掩码	255.255.255.0	
网关	192.168.y.1	
DNS	10.0.1.88	

3）测试上网功能

使用浏览器上网测试，此时学生机 1 和学生机 2 应都能正常上网。

3．学生机 1 和学生机 2 互换路由途径上网

改变学生机 1 和学生机 2 的上网路由途径，即学生机 1 的网卡接口用网线与路由器 2 的任一 LAN 接口连接，学生机 2 的网卡接口用网线与路由器 1 的任一 LAN 接口连接，重复上述第 1、2 点"两级路由器自动 IP 有线上网"和"两级路由器静态 IP 有线上网"的实验内容。

注意：IP 地址中的"x"和"y"必须为两个不同的值。两人一组实验时，注意必须"x"用学生机 1 的编号，"y"用学生机 2 的编号。

4.5　实训 3：局域网的测试与防护

实训目标

（1）学会测试网络连接的几个简单命令。
（2）学会 Windows 防火墙的基本设置方法。

实训要求

（1）使用 ipconfig、ping、tracert 等命令测试网络连接状态。
（2）练习 Windows 7 防火墙的基本设置方法。

实训环境

（1）可联网的台式机。
（2）带水晶头的网线，数量若干。
（3）路由器 TL-WR886N V4。

4.5.1　测试简单的网络命令

操作系统自带的命令行工具可以用来测试网络是否连通，常用的命令如下。

1．命令 ipconfig

在 Windows 操作系统主界面，按 Win+R 快捷键，弹出"运行"窗口，在其中输入"cmd"字符串，打开命令提示符窗口，再在此窗口中输入"ipconfig/all"字符串，将显示使用者计算机网络配置信息。由此可以查看网卡的物理地址、IPv4 地址、子网掩码以及 DNS 域名服务器等信息。

2．命令 ping

ping 命令用来检查网络是否连通到因特网，测试本地主机与目标主机之间的连接速

度。以本机与百度、Google 网站的连通性测试为例，先打开命令提示符窗口，然后在窗口中输入"ping baidu.com"字符串，接着再输入"ping google.com"字符串，其返回的结果如图 4-14 所示。图中上半部显示正常连接状态，下半部显示断开状态。如果显示请求超时，则表示两台主机之间无法实现连通，此时应该检查网络是否连接好、网卡配置正确与否、IP 地址/域名是否可用。

提示：可尝试断开网络，重新测试上述命令 ipconfig、ping，查看返回结果。

3. 命令 tracert

tracert 命令可以跟踪数据从本地计算机到目标站点所经过的路径，并将这个路径上的路由信息返回。以测试登录百度首页所经过的路由为例，先打开命令提示符窗口，然后在窗口中输入"tracert baidu.com"字符串，其返回的结果如图 4-15 所示。

图 4-14　使用 ping 命令的结果

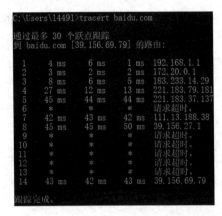

图 4-15　使用 tracert 命令的跟踪结果

图 4-15 表明，本地计算机到达百度首页服务器经过了 14 个路由器，并显示了各个站点的响应时间，其中，有些服务器显示为"请求超时"，可以理解为这些路由并未开启响应机制或路由跟踪机制，访问时实际没有经过这些路由。

4.5.2　网络防护工具的使用

以 Windows 7 为例，操作系统自带的防火墙能用于防止本地计算机以外的其他用户或程序对本地计算机的恶意攻击，是一道安全屏障。但当需要安装某些应用软件时，又会由于防火墙的阻止而造成无法安装该软件，此时必须暂时关闭操作系统的防火墙，具体步骤如下。

1. 打开控制面板

选择 Windows 7 系统桌面任务栏的"开始"→"控制面板"选项，打开控制面板。

2. 打开 Windows 防火墙界面

单击"Windows 防火墙"图标，然后在 Windows 防火墙界面的左侧选择"打开或关闭 Windows 防火墙"选项。

3．关闭 Windows 防火墙

在"家庭或工作（专用）网络位置设置"和"公用网络位置设置"选项中选中"关闭Windows 防火墙"单选按钮。

通过以上步骤，就可以关闭 Windows 7 系统的防火墙。软件安装完成后，再按照同样的步骤打开 Windows 防火墙就可以了。

提示：若 Windows 防火墙服务未启动，则可能无法打开 Windows 防火墙。若需启动Windows 防火墙服务，应按 Win+R 快捷键，在打开的"运行"窗口中输入"services.msc"字符串，打开"服务"窗口，右击窗口的服务名称"WindowsFirewall"，选择"属性"选项。然后在打开的"属性"窗口中，设置"启动类型"为"自动"选项，并选择"启动"命令，即可启动 Windows 防火墙服务。

操作系统自带的防火墙工具，其功能比较简单，对各类网络攻击的更新可能存在一定的滞后，因此还可以借助其他商业软件来实现计算机的防护。例如，火绒安全软件的网络防护功能能有效拦截多种外部网络的攻击，并且操作相对简单，读者不妨尝试安装和使用。

4.6 本 章 小 结

本章介绍了互联网的基础知识和网络安全常识，学习了网络常见拓扑结构和局域网的一些基本概念，安排了应用路由器搭建局域网的操作实践训练，还了解了测试网络的几个基本命令和网络杀毒工具。

通过本章的学习，希望读者能初步认识计算机网络及其安全防护方法，初步具备局域网的搭建和维护能力，同时为第 5 章进一步了解计算机局域网服务的知识做准备。

4.7 思考与练习

（1）请上网查阅 IP 地址的详细分类（A 类、B 类、C 类、D 类、E 类），并在命令提示符窗口输入"ping 127.0.0.1"字符串，以测试本机的 TCP/IP 是否能正常发送和接收数据包。

（2）使用计算机查资料时，账号和密码有时会被浏览器保存起来，有很大的信息泄露风险。请上网查阅资料，并掌握清除浏览器自动保存的账号和密码的方法。

（3）请参阅附录 B 的常用免费邮箱参数，尝试申请一个免费邮箱。

（4）按"实训 1"的要求，完成单路由器有线上网实训，填写如表 4-6 和表 4-7 所示的路由器和学生机的网络参数记录表，分别记录学生机动态 IP 和静态 IP 方式上网时，路由器的 WAN 口参数及 LAN 口参数，以及学生机的网络参数；类似地，完成单路由器无线上网实训，并填写表 4-6 和表 4-7，记录路由器、学生机 1 和学生机 2 的网络参数。

表 4-6　路由器网络参数记录表

网 络 参 数		动态 IP 上网	静态 IP 上网	实验项目名称
WAN 口参数	IP 地址			
	子网掩码			
	网关			
	DNS			
LAN 口参数	IP 地址			
	子网掩码			
	DHCP 功能选择			
	地址池开始地址			
	地址池结束地址			

表 4-7　学生机网络参数记录表

网 络 参 数	动态 IP 上网	静态 IP 上网	实验项目名称
IP 地址			
子网掩码			
网关			
DNS			

（5）按"实训 2"的要求，完成"路由器+交换机"有线上网实训，填写表 4-6 和表 4-7，记录路由器 1、学生机 1 和学生机 2 的网络参数。此时因路由器 2 仅用作交换机，所以无须设置网络参数。

（6）按"实训 2"的要求，完成两级路由器有线上网实训，填写表 4-6 和表 4-7，记录路由器 1、路由器 2、学生机 1 和学生机 2 的网络参数。此时，路由器 1 的参数仍按第（5）点所述设置不变，无须修改。

（7）按"实训 3"的要求，学生机分别采用动态和静态 IP 上网时，用 ipconfig 命令检测网卡的物理地址、IPv4 地址、子网掩码以及 DNS 域名服务器，并填写表 4-8；用 tracert 命令跟踪和记录数据从本地计算机到百度首页所经过的路径；暂时关闭操作系统的防火墙，安装火绒安全软件，安装完成后再启用 Windows 防火墙。

表 4-8　网络测试命令记录表

网 络 参 数	动态 IP 上网	静态 IP 上网	实 训 内 容
网卡的物理地址			
IPv4 地址			
子网掩码			ipconfig 命令
网关			
DNS			
跟踪数据从本地到百度首页所经过的路径	具体路径：		tracert 命令

第 5 章 计算机局域网的常用服务

学习目标

- ☑ 了解 Web 服务器的搭建基本步骤和设置方法。
- ☑ 了解 FTP 服务器的搭建基本步骤和设置方法。
- ☑ 掌握 Access 数据库服务器的搭建步骤和访问数据的方法。

学习任务

完成下面的认知和实训任务，记录学习过程中遇到的问题，并在实训中通过动手实践去努力解决问题。

- ☑ 认知 1：局域网中的 Web 服务。
- ☑ 认知 2：局域网中的 FTP 服务。
- ☑ 认知 3：局域网中的数据库服务。
- ☑ 实训 1：局域网 Web 服务器的搭建。
- ☑ 实训 2：局域网 FTP 服务器的搭建。
- ☑ 实训 3：局域网 ASP+Access 数据库服务器的搭建。

5.1 局域网中的 Web 服务

5.1.1 应用 IIS 管理 Web 服务器

目前主流的 Web 服务器有 Apache、Nginx、IIS（Internet information services，Internet 信息服务）等。Apache 是最受欢迎的一款服务器程序，各大互联网公司都使用它搭建网站，市场占有率接近 60%。Apache 具有易安装、易使用等优势，非常受欢迎，但对并发业务处理性能较差。Nginx 成为具有大流量、多用户、高并发业务互联网公司搭建服务器时的选择，尤其是现在提供云服务的公司。IIS 是微软公司提供的一款服务器程序，由 Windows 操作系统自带，实现起来非常简单，功能也比较强大。下面简述 IIS 管理 Web 服务器的操作步骤。

1. 安装 IIS 的 Web 服务程序

打开控制面板，选择"程序和功能"→"打开或关闭 Windows 功能"选项，然后选中 "Internet 信息服务"及其下面的"Web 管理工具""万维网服务"复选框（注意，要单击 "+"号，选择其中的所有子选项），如图 5-1 所示，单击"确定"按钮，系统即将开始安装该服务。安装完成后，按系统的提示重新启动操作系统。

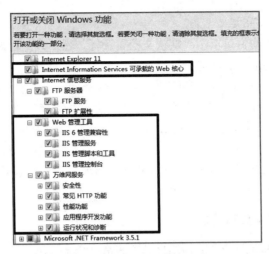

图 5-1　安装 IIS 的 Web 服务

2．添加网站内容

安装完 IIS 服务程序后，打开 C 盘，就可以看到 C 盘根目录下多了一个文件夹 inetpub。打开该文件夹，里面会有一个文件夹 wwwroot，这个文件夹就是默认放置网站的地方。把预先准备好包含网站内容的文件夹 test 添加到路径 C:\inetpub\wwwroot 下。

💡 提示：预先准备好的网站文件夹 test 至少应包含网站首页和相关配置文件。实验室如果已预先安装好 IIS 服务，则安装步骤可省略，也不需要重新启动操作系统。

3．配置 IIS 的 Web 服务站点

打开控制面板，选择"管理工具"→"Internet 信息服务（IIS）管理器"选项，双击打开，可以看到"Internet 信息服务（IIS）管理器"窗口，如图 5-2 所示。在左侧窗口中展开"网站"，可对相应的 Web 网站进行管理。

图 5-2　"Internet 信息服务（IIS）管理器"窗口

1）设定网站的默认首页

在图 5-2 所示的中间窗口双击"默认文档"图标，然后设定网站的默认首页名称，如 index.html、index.jsp、index.php 等。

2）设定 Web 服务器的 IP 地址和端口

在图 5-2 所示的右侧窗口选择"绑定"选项，在此可设定网站的服务器端口、IP 地址等。如果是本机测试服务器，无须设定 IP 地址，默认端口号为 80。

3）设定网站的物理路径

在图 5-2 所示的右侧窗口选择"基本设置"选项，在此可设定网站的物理路径，如 C:\inetpub\wwwroot\test。

4．创建 Web 服务器虚拟目录

Web 虚拟目录是 Web 服务器的物理目录（通常不在主目录下）的别名。使用别名更安全，原因是用户不知道网站文件在服务器上的真实物理路径；使用别名也可更方便地移动站点中的目录，原因是无须更改目录的网络地址，只更改别名与目录物理路径之间的映射即可。

提示：在 WWW 上，每一信息资源都有统一的且在网上唯一的地址，该地址就称为 URL（uniform resource locator，统一资源定位器），它是 WWW 的统一资源定位标志，实际就是网络地址。

如果 Web 站点包含的文件位于主目录（默认为 C:\inetpub\wwwroot）以外的某个目录，必须添加虚拟目录将这些文件包含到 Web 站点中。表 5-1 所示为 Web 虚拟目录的物理路径与访问这些文件的 URL 之间的映射关系。

表 5-1　Web 虚拟目录的物理路径与 URL 映射关系

物 理 位 置	URL	备　　注
C:\inetpub\wwwroot	http://192.168.x.101	主目录，无别名
C:\mydir1\website1	http://192.168.x.101/web1	添加虚拟目录，别名 web1
D:\mydir2\website2	http://192.168.x.101/web2	添加虚拟目录，别名 web2

对于一个初级 Web 站点，通常不需要添加虚拟目录，只需将所有网站文件放在该站点的主目录中即可。如果站点比较复杂，或者需要为站点的不同部分指定不同的 URL，则可以根据需要添加虚拟目录。

打开控制面板，选择"管理工具"→"Internet 信息服务（IIS）管理器"选项，双击打开，即可看到"Internet 信息服务（IIS）管理器"窗口。在 IIS 管理器中按照表 5-1 创建 Web 站点的虚拟目录后，界面如图 5-3 所示。

Web 虚拟目录创建的具体步骤如下。

1）选择要添加虚拟目录的站点

展开 IIS 管理器中"网站"中的 Web 站点，在要添加虚拟目录的站点（例如，默认站点为 Default Web Site）上右击，然后在弹出的快捷菜单中选择"添加虚拟目录"命令。

图 5-3　创建 Web 站点虚拟目录

2）添加虚拟目录

在添加虚拟目录对话框的"别名"文本框中输入虚拟目录的名称，在"物理路径"文本框中选择虚拟目录所在的物理目录，然后选择"确定"按钮。

删除 Web 虚拟目录十分简单，仅需在 Web 站点的虚拟目录上右击，然后在弹出的快捷菜单中选择"删除"命令即可。

5．在防火墙中设置 Web 服务器端口

如果在浏览器中访问网站时网页无法打开，有可能是 IIS 为 Web 服务器开设的端口（默认为 80）没有在防火墙中放行，即没有将端口映射出去。此时，可考虑按如下步骤在防火墙中设置端口。

（1）映射端口。在控制面板中单击"Windows 防火墙"图标。

（2）在弹出窗口的左边栏目中选择"高级设置"选项，然后在打开的界面中选择"入站规则"选项。

（3）选择右侧"新建规则"选项，并在弹出的对话框中选中"端口"单选按钮，单击"下一步"按钮。

（4）填入需要放行的端口号，Web 服务器一般采用端口号 80。

（5）单击"下一步"按钮，直到要求填写名称，直接以端口号命名即可。

6．有关说明

以下所述 Web 服务器搭建的 IP 地址，其中的"x"或"y"均表示学生机编号（1～60）。实验时，请用学生机 1 的编号替换其中的"x"，学生机 2 的编号替换其中的"y"，注意"x"和"y"为两个不同的编号。

5.1.2　单路由器局域网的 Web 服务器搭建

1．硬件连接

如图 5-4 所示，以学生机 1 为服务器，学生机 2 为客户机。服务器和客户机的网卡接口分别用一根网线连接至路由器的任一 LAN 口，路由器的 WAN 口和服务商提供的上网接

口用另一根网线连接起来。此时，客户机与服务器通过同一路由器连接在一起。

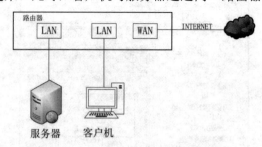

图 5-4 单路由器局域网的硬件连接

2. 路由器网络参数设置

进入路由器管理页面设置，参数如表 5-2 所示。

表 5-2 单路由器局域网的路由器参数

对　象	网络参数	内　容	备　注
WAN 口参数	IP 地址	172.21.105.101	WAN 口参数 IP、子网掩码、网关、DNS 等由服务商提供
	子网掩码	255.255.255.0	
	网关	172.21.105.254	
	DNS	10.0.1.88	
LAN 口参数	IP 地址	192.168.x.1	IP 地址中的"x"指学生机 1 的编号（1~60）
	子网掩码	255.255.255.0	
	DHCP	"启用"或"开"	
	地址池开始 IP	192.168.x.100	
	地址池结束 IP	192.168.x.199	

📢 **注意**：实验前学生机 1 的网络参数即为路由器 WAN 口的参数，务必提前做好记录，后续操作时要使用这些参数。

3. Web 服务器网络参数设置

详细参数设置如表 5-3 所示的 Web 服务器网络参数，其 IP 地址可设置为路由器的地址池中任一地址，但不可设置为"自动获得 IP 地址"。

表 5-3 单路由器局域网 Web 服务器和客户机网络参数

对　象	网络参数	内　容	备　注
Web 服务器（学生机 1）	IP 地址	192.168.x.101	DNS 由服务商提供；IP 地址中的"x"指学生机 1 的编号（1~60）
	子网掩码	255.255.255.0	
	网关	192.168.x.1	
	DNS	10.0.1.88	
客户机（学生机 2）	IP 地址	192.168.x.102	
	子网掩码	255.255.255.0	
	网关	192.168.x.1	
	DNS	10.0.1.88	

4．客户机网络参数设置

客户机的网络参数有两种设置方法。

1）自动 IP 方式

参照 4.3.3 节第 1 点"单路由器自动 IP 有线上网"所述的学生机参数设置，设置好客户机的网络参数。

2）静态 IP 方式

详细参数设置如表 5-3 所示的客户机网络参数。客户机的 IP 地址可设置为路由器的地址池中任一地址，但须注意不可与 Web 服务器的 IP 地址重叠。

5．管理 Web 服务器

参照 5.1.1 节的步骤，应用 IIS 管理 Web 服务器。

6．访问测试网站

1）本机访问网站

在浏览器地址栏中输入"http://127.0.0.1"或"http://localhost/"字符串即可浏览网站。

2）客户机访问网站

在浏览器地址栏中输入"http://192.168.x.101"字符串即可浏览网站。

5.1.3　内网访问外网时局域网的 Web 服务器搭建

1．硬件连接

如图 5-5 所示，以学生机 1 为服务器，学生机 2 为客户机。服务器用一根网线连接至一级路由器的任一 LAN 口，客户机用另一根网线连接至二级路由器的任一 LAN 口；一级路由器的任一 LAN 口与二级路由器的 WAN 口用一根网线连接；一级路由器的 WAN 口和服务商提供的上网接口再用另一根网线连接。此时，客户机连接二级路由器，服务器连接一级路由器，即客户机须先经过本级路由器，再经过上一级路由器才能访问到服务器。

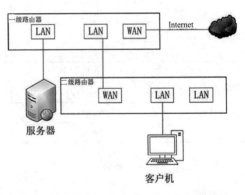

图 5-5　内网访问外网时局域网的硬件连接

2．路由器的网络参数设置

如表 5-4 所示，一级路由器的 WAN 口参数 IP、子网掩码、网关和 DNS 等由服务商提供；二级路由器的 WAN 口参数必须为静态 IP，其 IP 地址可以在一级路由器的地址池中任意选择。

表 5-4　内网访问外网时局域网的路由器网络参数

对　　象	网 络 参 数	一级路由器	二级路由器	备　　注
WAN 口参数	IP 地址	172.21.105.101	192.168.x.100	学生机 1 编号（1～60）替换其中的 x
	子网掩码	255.255.255.0	255.255.255.0	
	网关	172.21.105.254	192.168.x.1	
	DNS	10.0.1.88	10.0.1.88	
LAN 口参数	IP 地址	192.168.x.1	192.168.y.1	学生机 2 编号（1～60）替换其中的 y
	子网掩码	255.255.255.0	255.255.255.0	
	DHCP	"启用"或"开"	"启用"或"开"	
	地址池开始 IP	192.168.x.100	192.168.y.100	
	地址池结束 IP	192.168.x.199	192.168.y.199	

🔊 **注意：** 实验前学生机 1 的上网参数设置为一级路由器 WAN 口的参数，务必在操作前记录好这些参数。

3．Web 服务器和客户机的网络参数设置

如表 5-5 所示，Web 服务器网络参数设置时，可在一级路由器的地址池中任选静态 IP，但不能与二级路由器的 WAN 口 IP 重叠，也不能设置为"自动获得 IP 地址"；客户机网络参数设置时，可在二级路由器的地址池中任选静态 IP 或设置为"自动获得 IP 地址"。

表 5-5　内网访问外网时局域网的服务器和客户机网络参数

对　　象	网 络 参 数	内　　容	备　　注
Web 服务器（学生机 1）	IP 地址	192.168.x.101	学生机 1 编号（1～60）替换其中的 x
	子网掩码	255.255.255.0	
	网关	192.168.x.1	
	DNS	10.0.1.88	
客户机（学生机 2）	IP 地址	192.168.y.102	学生机 2 编号（1～60）替换其中的 y
	子网掩码	255.255.255.0	
	网关	192.168.y.1	
	DNS	10.0.1.88	

4．管理 Web 服务器

参照 5.1.1 节的步骤，应用 IIS 管理 Web 服务器，此处不再赘述。

5．访问测试网站

1）服务器本机访问网站

在浏览器地址栏中输入"http://127.0.0.1"或"http://localhost/"字符串即可浏览网站。

2）客户机访问网站

在浏览器地址栏中输入"http://192.168.x.101"字符串即可浏览网站。

5.1.4　外网访问内网时局域网的 Web 服务器搭建

1．硬件连接

如图 5-6 所示，以学生机 1 为服务器，学生机 2 为客户机。客户机用一根网线连接至一级路由器的任一 LAN 口，服务器用另一根网线连接至二级路由器的任一 LAN 口；一级路由器的任一 LAN 口与二级路由器的 WAN 口用一根网线连接；一级路由器的 WAN 口和服务商提供的上网接口再用另一根网线连接。此时，客户机连接一级路由器，服务器连接二级路由器，即客户机需经过本级路由器，再经过下一级路由器才能访问到服务器。

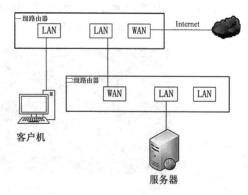

图 5-6　外网访问内网时局域网的硬件连接

2．路由器的网络参数设置

外网访问内网时局域网的路由器网络参数，与内网访问外网时局域网的路由器网络参数相同，详细参数如表 5-4 所示。一级路由器的 WAN 口参数 IP、子网掩码、网关和 DNS 等由服务商提供；二级路由器的 WAN 口参数必须为静态 IP，其 IP 地址可以在一级路由器的地址池中任意选择。

📢 **注意**：实验前学生机 1 的上网参数设置为一级路由器 WAN 口的参数，务必在操作前记录好这些参数。

3．Web 服务器和客户机的网络参数设置

如表 5-6 所示，Web 服务器网络参数设置时，可在二级路由器的地址池中任选静态 IP，但不能设置为"自动获得 IP 地址"；客户机网络参数设置时，可在一级路由器的 IP 地址池中任选静态 IP 或设置为"自动获得 IP 地址"。

表 5-6　外网访问内网时局域网的服务器和客户机网络参数

对　　象	网络参数	内　　容	备　　注
Web 服务器（学生机 1）	IP 地址	192.168.y.101	学生机 1 编号（1~60）替换其中的 y
	子网掩码	255.255.255.0	
	网关	192.168.y.1	
	DNS	10.0.1.88	
客户机（学生机 2）	IP 地址	192.168.x.102	学生机 2 编号（1~60）替换其中的 x
	子网掩码	255.255.255.0	
	网关	192.168.x.1	
	DNS	10.0.1.88	

4．二级路由器的端口映射

二级路由器必须做好端口映射设置。端口映射的步骤如下。

1）进入虚拟服务器管理界面

登录到路由器管理界面，然后在该界面中选择"应用管理"选项，再在其中单击"虚拟服务器"选项，如图5-7所示。

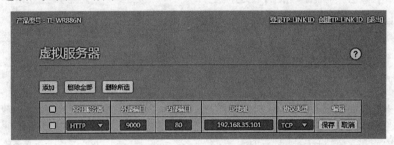

图5-7　虚拟服务器参数设置

2）设置虚拟服务器

选择"常用服务器"选项卡，在下拉列表框中选择HTTP选项。此时，外部端口就会自动填上80，内部端口就是Web服务器的端口80，IP地址填写Web服务器的实际IP地址"192.168.y.101"，协议类型为TCP，然后单击"保存"按钮，完成端口映射。

端口映射时，外部端口80可以修改，如改为9000（可在动态端口范围1024～65535尝试选择）。

5．管理 Web 服务器

参照5.1.1节的步骤，应用IIS管理Web服务器，此处不再赘述。

6．访问测试网站

1）服务器本机访问网站

在浏览器地址栏中输入"http://127.0.0.1"或"http://localhost/"字符串即可浏览网站。

2）客户机访问网站

在浏览器地址栏中输入"http://192.168.x.100"字符串即可浏览网站。如果设置二级路由器的端口映射时，将外部端口80修改为9000，则在客户机的浏览器地址栏中输入"http://192.168.x.100:9000"字符串，方可浏览网站。

5.1.5　简单的网页内容测试

Web服务器搭建好以后，在图5-2所示的右侧窗口选择"基本设置"选项设定网站Web服务器的物理路径，然后在该物理路径下用编辑软件（如软件Sublime Text.exe）创建并保存一个内容为空的index.html网页文件。

例如，设定路径C:\inetpub\wwwroot为Web服务器的物理路径，在该路径下创建index.html，而路径C:\inetpub\wwwroot\test下存放网站的网页及相关多媒体资源文件。此时按如下步骤编辑 index.html 网页内容，即可用浏览器浏览该网页的显示效果。

1．网页文字处理

1）网页文字加粗、倾斜、加下画线　

在 index.html 中添加如下内容：

```
<b>你好！</b>　<i>你好！</i> <u>你好！</u>
```

2）网页文字添加链接

在 C:\inetpub\wwwroot\test 下存放 index-test.html 网页，并在 index.html 中添加如下内容：

```
<a href="./test/index-test.html ";>测试网站</a> <a href="./ test/index-test.html ";; target="_blank">
测试网站</a>
```

3）网页内容换行

想要在网页中设置换行，直接用 Enter 键是不行的，需要在换行的位置输入"
"字符串，在 index.html 中添加如下内容：

```
<br><a href="./test/index-test.html ";>测试网站</a>
<br><a href="./ test/index-test.html ";; target="_blank">测试网站</a>
```

4）网页内容禁止复制

在 index.html 中添加如下内容：

```
<body bgcolor="#ffffff"　oncontextmenu="return false"　onselectstart="return false">
```

2．网页多媒体素材处理　

1）网页显示 jpeg 图片

在 C:\inetpub\wwwroot\test 下存放 1 张图片"天河二号.jpeg"，在 index.html 中添加如下内容（后面的数字用来调节图片的宽和高）：

```
<img src="./test/天河二号.jpeg"; width="300" height="200">
```

2）网页图片添加链接

想要在网页中单击一幅图片，就能在新窗口打开一个网站链接，在 index.html 中添加如下内容：

```
<a href="./test/index-test.html";;target="_blank"><img src="./test/天河二号.jpeg"; width="150"
height="100"></a>
```

3）网页文字和图片移动

在 index.html 中添加如下内容：

```
<marquee>这里写文字</marquee>
<marquee><img src="./test/天河二号.jpeg ";></marquee>
```

4）网页添加背景音乐

在 C:\inetpub\wwwroot\test 下存放一个贝多芬第五交响乐的 mid 文件 bdf5.mid，然后在

index.html 中添加如下内容：

```
<bgsound src="./test/bdf5.mid";loop=10>
```

该语句的"src="后面的内容是音乐文件的路径，支持 mid 或者 mp3 格式，"loop="后面的数字是播放次数。注意，背景音乐文件的体积不宜太大，文件名中不能含中文，且须用 IE 或 360 浏览器兼容模式打开网页才能播放。

5）网页添加 Flash 动画

在 C:\inetpub\wwwroot\test 下存放 Flash 动画"劳动的真谛"，文件名为 labor.swf，然后在 index.html 中添加如下内容：

```
<embed width=500 height=500 src="./test/labor.swf";>
```

注意：Flash 动画文件以.swf 为扩展名，文件名中不能含中文，网页建议用 IE 或 360 浏览器播放。

5.2 局域网中的 FTP 服务

5.2.1 应用 IIS 管理 FTP 服务器

FTP（file transfer protocol，文件传输协议），简称"文传协议"，用于在 Internet 上控制文件的双向传输。同时，FTP 也是一个应用程序（application），基于不同的操作系统有不同的 FTP 应用程序，而所有这些应用程序都遵守同一种协议以传输文件。FTP 相关应用程序也比较多，其中应用比较广泛的有 Server-U、FileZilla、VsFTP 和 FtpServer 等。

由于工作需要，人们经常会将文件复制到其他计算机，但用 U 盘或其他存储设备复制的话，很容易染上病毒。而搭建一个 FTP 服务器，只要网络正常，需要共享的文件随时都可以上传到该服务器上，该服务器上的文件也可以随时下载到本地机，更为方便和安全。

使用 FTP 时，经常会说到"下载（download）"和"上传（upload）"。这里的"下载"是指从远程主机复制文件至本地机，而"上传"则是指将文件从本地机复制至远程主机上。

与 5.1.1 节所述 IIS 管理 Web 服务器类似，应用 Windows 操作系统自带的 IIS 服务器程序，还可以管理 FTP 服务器。下面简述 IIS 管理 Web 服务器的操作步骤。

1. 安装 IIS 的 FTP 服务程序

打开控制面板，选择"程序和功能"→"打开或关闭 Windows 功能"选项，如图 5-8 所示，然后选中"Internet 信息服务"及其下面的"FTP 服务器""Web 管理工具"复选框（注意要单击"+"号，选择其中的所有子选项），单击"确定"按钮，系统即将开始安装该服务。安装完成后，按系统的提示重新启动操作系统。

提示：学生机如果预先安装了 IIS 服务程序，实验时此安装步骤可省略，也不需要重启计算机。

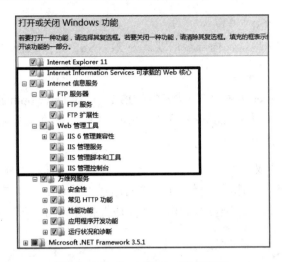

图 5-8　安装 IIS 的 FTP 服务程序

2. 设定 FTP 服务器的物理路径

安装完 IIS 服务后，还需要设定 FTP 服务器文件上传和下载的物理路径。例如，可以设定 D:\myftp 为 FTP 服务器的物理路径。

3. 配置 IIS 中的 FTP 服务站点

打开控制面板，选择"管理工具"→"Internet 信息服务（IIS）管理器"选项，然后在左侧窗口中展开"网站"，如图 5-9 所示，右击"网站"图标，在弹出的快捷菜单中选择"添加 FTP 站点"命令。

图 5-9　在 IIS 管理器中展开"网站"

1）设置站点名称和物理路径

按提示设置"FTP 站点名称"为 MYFTP，以及 FTP 上传和下载文件的"物理路径"为 D:\myftp。

2）绑定 IP 地址和 SSL[①]设置

IP 地址栏填本机 IP 地址，内部端口默认为 21，SSL 连接选择"允许"选项，SSL 证书选择"未选定"选项。

📢 **注意**：Windows Server 版本才可选择证书 IIS Express Development Certificate，安装过 SSL 证书之后传输过程会更安全，SSL 证书主要的作用就是传输层加密和确保网站的真实性等。

3）设置读写文件的权限

身份验证选择"基本"选项，授权允许访问选择"所有用户"选项，并根据需要的权限选择"读取"或"写入"选项，最后单击"完成"按钮即可。IIS 管理器添加了 MYFTP 站点后的界面如图 5-10 所示。

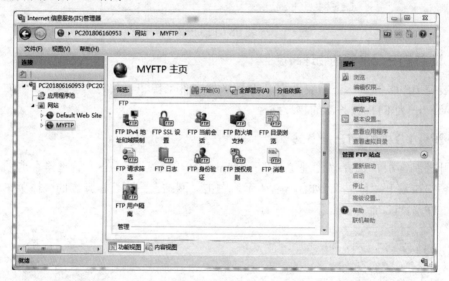

图 5-10　在 IIS 管理器中添加 FTP 站点

4）授权指定用户

如果不希望授权给所有用户，而是仅授权指定用户，则可以在"Internet 信息服务（IIS）管理器"窗口中双击 FTP 站点的"FTP 授权规则"图标，然后在界面右侧选择"添加允许规则"选项，对指定用户进行授权。

💡 **提示**：在控制面板中选择"用户账户"→"管理其他账户"→"创建一个新账户"选项，即可按导向创建一个新用户和设置新用户的密码。

5）修改 FTP 服务器的物理路径

如果需要修改，在图 5-10 所示的右侧窗口选择"基本设置"选项，在此重新设置 FTP 服务器的物理路径即可。

[①] SSL 全称为 secure sockets layer，即指安全套接字协议。

6）修改 FTP 服务器的 IP 地址和端口

如果需要修改，在图 5-10 所示的右侧窗口选择"绑定"选项，在此重新设置即可。如果是本地机测试 FTP 服务器，无须设置 IP 地址，端口默认为 21。

4．创建 FTP 虚拟目录

类似 Web 虚拟目录，FTP 虚拟目录也是指 FTP 服务器的物理目录（通常不在主目录下）的别名。使用别名除了像 Web 站点一样可以更安全和更方便地移动站点中的目录外，还可以发布多个目录下的内容供 FTP 用户访问，并且可以单独控制每个虚拟目录的读/写权限。

如果 FTP 站点包含的文件位于主目录（如 D:\myftp）以外的某个目录，必须添加虚拟目录将这些文件包含到 FTP 站点中。表 5-7 为虚拟目录的物理路径与访问这些文件的 URL 之间的映射关系示例。

表 5-7　FTP 虚拟目录的物理路径与 URL 映射关系

物 理 位 置	URL 示例	备　　注
D:\myftp	ftp://192.168.x.101	主目录，无别名
C:\mydir1\data1	ftp://192.168.x.101/ftp1	虚拟目录的别名 ftp1
D:\mydir2\data2	ftp://192.168.x.101/ftp2	虚拟目录的别名 ftp2

对于一个初级 FTP 站点，不需要添加虚拟目录，只需将所有文件放在该站点的主目录中即可。如果站点比较复杂，或者需要为站点的不同部分指定不同的 URL，则可以根据需要添加虚拟目录。在 IIS 管理器中按表 5-7 创建 FTP 站点的虚拟目录后，示例界面如图 5-11 所示。

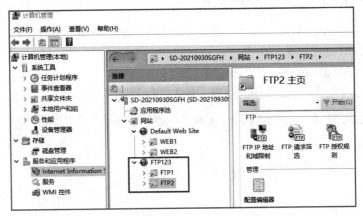

图 5-11　创建 FTP 站点 FTP123 的虚拟目录

FTP 虚拟目录创建的具体步骤如下。

1）选择要添加虚拟目录的站点

展开 IIS 管理器中"网站"中的 FTP 站点名，在要添加虚拟目录的站点上右击，然后在弹出的快捷菜单中选择"添加虚拟目录"命令。

2）添加虚拟目录

（1）在"添加虚拟目录"对话框的"别名"文本框中输入虚拟目录的名称，在"物理路径"文本框中输入或浏览虚拟目录所在的物理目录，然后单击"确定"按钮。

（2）单击创建的虚拟目录，在右侧窗口设置"FTP 授权规则"，添加"允许规则"，以添加指定用户的读/写权限。

删除 FTP 虚拟目录很简单，仅需右击 FTP 站点的虚拟目录，在弹出的快捷菜单中选择"删除"命令即可。

5. 防火墙的端口设置基本要求

如果无法登录 FTP 服务器，有可能是 IIS 为 FTP 服务器开设的端口（默认为 21 号端口）没有在防火墙中放行，即没有将端口映射出去。此时，可考虑按如下步骤在防火墙中设置端口。

（1）映射端口。在控制面板中单击"Windows 防火墙"图标。

（2）在弹出窗口的左边栏目中选择"高级设置"选项，然后在打开的界面中选择"入站规则"选项。

（3）选择右侧"新建规则"选项，并在弹出的对话框中选中"端口"单选按钮，单击"下一步"按钮。

（4）填入需要放行的端口号，FTP 服务器一般采用端口 21。

（5）单击"下一步"按钮，直到要求填写名称，以端口号 21 命名。

💡 提示：如果 IIS 中的 FTP 服务已正确安装，且防火墙中端口 21 也已放行，但 FTP 服务仍无法使用，此时可能是端口 21 被其他程序占用。

6. 端口 21 被其他程序占用时的处理方法

按 Win+R 快捷键，弹出"运行"窗口，在其中输入"cmd"字符串，打开命令提示符窗口，再在此窗口中进行以下操作。

1）输入"netstat –ano"字符串

在输出中查看与 21 端口相关的内容，例如，找到如下一行信息：

```
TCP 10.186.20.116:21     0.0.0.0:0     LISTENING   272
```

则表明占用 21 端口的进程 PID 为 272。

2）输入"tasklist /fi "pid eq 272""字符串

输出如下：

```
ServUDaemon.exe  272  Console  0  3,980 K
```

表明进程 PID 为 272 的应用程序 ServUDaemon.exe 占用了 21 号端口。

3）输入"tskill 272"字符串

执行此命令后，PID 为 272 的应用程序释放 21 号端口。当然，直接进入 ServUDaemon.exe 程序界面，停止 FTP 服务，同样也可以释放端口 21。若需要重新允许 ServUDaemon.exe 启用端口 21，可以通过 services.msc 命令，打开服务设置界面，右击"Serv-U FTP 服务"选项，在弹出的快捷菜单中选择"启动"命令即可。

7．有关说明

以下所述 FTP 服务器搭建中的 IP 地址，如果其中含有"x"或"y"，均表示学生机编号（1～60）。在实训时，应该用自己所使用的学生机编号替换其中的"x"和"y"，且"x"和"y"一般指两个不同的编号。

5.2.2　单路由器局域网的 FTP 服务器搭建

1．硬件连接

参照 5.1.2 节"单路由器局域网的 Web 服务器搭建"中的硬件连接。

2．路由器网络参数设置

参照 5.1.2 节"单路由器局域网的 Web 服务器搭建"中的路由器网络参数设置。

3．服务器网络参数设置

参照 5.1.2 节"单路由器局域网的 Web 服务器搭建"中的服务器网络参数设置。

4．客户机网络参数设置

参照 5.1.2 节"单路由器局域网的 Web 服务器搭建"中的客户机网络参数设置。

5．管理 FTP 服务器

参照 5.2.1 节的步骤，应用 IIS 管理 FTP 服务器。

6．登录 FTP 服务器

1）本机登录 FTP 服务器

双击桌面上的"计算机"图标，在打开的窗口搜索栏中输入"ftp://127.0.0.1"或"ftp://localhost"字符串，然后按 Enter 键，在弹出的窗口中输入 FTP 站点授权的指定用户名和密码，即可登录 FTP 服务器。

2）客户机登录 FTP 服务器

双击桌面上的"计算机"图标，在打开的窗口搜索栏中输入"ftp://192.168.x.101"字符串，然后按 Enter 键，在弹出的窗口中输入 FTP 站点授权的指定用户名和密码，即可登录 FTP 服务器。

7．使用 FTP 文件服务

登录 FTP 服务器后，即可以使用 FTP 服务。用户可以将 FTP 服务器中的文件或文件夹下载到本地机（登录的用户需有"读取"权限才行），也可以将本地机的文件或文件夹上传到 FTP 服务器中（登录的用户需有"写入"权限才行）。下载或上传过程类似在本地机内部进行文件或文件夹的复制，只需要执行"复制"和"粘贴"操作即可。

💡 提示：使用 FTP 文件服务时，本机与 FTP 服务器之间的文件"复制"或"粘贴"过程实际是文件上传或下载的过程。因此，在登录后的 FTP 服务窗口不要直接双击目标文件而打开之，这样操作可能会遇到问题。

5.2.3 内网访问外网时局域网的 FTP 服务器搭建

1．硬件连接

参照 5.1.3 节"内网访问外网时局域网的 Web 服务器搭建"中的硬件连接。

2．路由器网络参数设置

参照 5.1.3 节"内网访问外网时局域网的 Web 服务器搭建"中的路由器网络参数设置。

3．服务器和客户机网络参数设置

参照 5.1.3 节"内网访问外网时局域网的 Web 服务器搭建"中的服务器和客户机网络参数设置。

4．管理 FTP 服务器

参照 5.2.1 节的步骤，应用 IIS 管理 FTP 服务器。

5．登录 FTP 服务器

双击桌面上的"计算机"图标🖥️，在打开的窗口搜索栏中输入"ftp://192.168.x.101"字符串，然后按 Enter 键，在弹出的窗口中输入 FTP 站点授权的指定用户名和密码，即可登录 FTP 服务器。

6．使用 FTP 文件服务

登录 FTP 服务器后，即可以使用 FTP 服务。用户可以将 FTP 服务器中的文件或文件夹下载到本地机（登录的用户需有"读取"权限才行），也可以将本地机的文件或文件夹上传到 FTP 服务器中（登录的用户需有"写入"权限才行）。下载或上传过程类似在本地机内部进行文件或文件夹的复制，只需要执行"复制"和"粘贴"操作即可。

5.2.4 外网访问内网时局域网的 FTP 服务器搭建

1．硬件连接

参照 5.1.4 节"外网访问内网时局域网的 Web 服务器搭建"中的硬件连接。

2．路由器网络参数设置

参照 5.1.4 节"外网访问内网时局域网的 Web 服务器搭建"中的路由器网络参数设置。

3．服务器和客户机网络参数设置

参照 5.1.4 节"外网访问内网时局域网的 Web 服务器搭建"中的服务器和客户机网络参数设置。

4．二级路由器的端口映射

二级路由器必须做好端口映射设置。端口映射的步骤如下。

1）进入虚拟服务器管理界面

登录到路由器管理界面，然后在界面中选择"应用管理"选项，再在其中单击"虚拟服务器"选项，如图 5-7 所示。

2）设置虚拟服务器

选择"常用服务器"选项卡，在下拉列表框中选择 FTP 选项。此时，外部端口就会自动填上 21，内部端口就是 FTP 服务器的端口 21，IP 地址填写 FTP 服务器的实际 IP 地址"192.168.y.101"，协议类型为"TCP"，然后单击"保存"按钮，完成端口映射。

端口映射时，外部端口号 21 也可以修改，如改为 2121（可在动态端口范围 1024～65535 尝试选择）。

5．管理 FTP 服务器

参照 5.2.1 节的步骤，应用 IIS 管理 FTP 服务器。

6．登录 FTP 服务器

双击桌面上的"计算机"图标，在打开的窗口搜索栏中输入"ftp://192.168.x.100"字符串，然后按 Enter 键，在弹出的窗口中输入 FTP 站点授权的指定用户名和密码即可登录 FTP 服务器。

如果设置二级路由器的端口映射时，将外网端口号 21 修改为 2121，则应在窗口搜索栏中输入"ftp://192.168.x.100:2121"字符串。

7．使用 FTP 文件服务

登录 FTP 服务器后，即可以使用 FTP 服务。用户可以将 FTP 服务器中的文件或文件夹下载到本地机（登录的用户需有"读取"权限才行），也可以将本地机的文件或文件夹上传到 FTP 服务器中（登录的用户需有"写入"权限才行）。下载或上传过程类似在本地机内部进行文件或文件夹的复制，只需要执行"复制"和"粘贴"操作即可。

5.2.5　应用 Apache FtpServer 软件管理 FTP 服务器

Apache FtpServer 是一个 Java 的 FTP 服务器软件，也是开源的，它可独立运行，作为 Windows 或 UNIX/Linux 等操作系统的后台程序，也可以嵌入 Java 应用程序中。下面以单路由器局域网为例，阐述应用 FtpServer 搭建 FTP 服务器的方法。

首先需参照 5.2.2 节的 FTP 服务器搭建方法进行操作，不同之处是此处无须安装部署 IIS。而且如果 IIS 中已经启动了 FTP 服务，则必须先停止 IIS 中的 FTP 服务，否则会引起冲突。停止 IIS 中 FTP 服务的方法是右击 IIS 管理器中相应的 FTP 站点，在弹出的快捷菜单中选择"管理 FTP 站点"→"停止"命令即可。做好上述工作后，按如下步骤搭建 FTP 服务器。

1. 下载 Apache FtpServer 并解压安装包

打开官网 http://mina.apache.org/ftpserver-project/downloads.html，单击网页中的 Apache FtpServer previous releases，然后选择 Apache FtpServer 1.1.1 版本下载，仅需下载其中的 apache-ftpserver-1.1.1-source-release.zip 压缩包。下载的压缩包应先解压到本地，如放在 D 盘根目录下的 ApacheFtp 文件夹中。

2. 修改配置文件

1）修改 users.properties 配置文件

该配置文件所在位置为 D:\apache-ftpserver-1.1.1\res\conf\users.properties，内容如下，其中有 admin、anonymous 和 lxw 等 3 个用户，可使用软件 Sublime Text.exe 编辑。在此配置文件中可以增加用户，如果不希望匿名登录，可以将配置文件中的匿名用户（即含 anonymous 的语句）用 "#" 注释掉。

配置文件中默认相对路径 ./res/home 即为 FTP 文件上传和下载的主目录，可以修改配置文件中的路径为绝对路径，如 E:/gcc，注意不支持中文路径。以下为该配置文件的内容，带下画线的内容可根据需要进行修改。

```
# Password is "admin"
#密码如果不是明文，则是 MD5 加密前的字符串
ftpserver.user.admin.userpassword=admin
#可以修改相对路径 "./res/home" 为绝对路径 "E:/gcc"
ftpserver.user.admin.homedirectory=./res/home
ftpserver.user.admin.enableflag=true
ftpserver.user.admin.writepermission=true
ftpserver.user.admin.maxloginnumber=0
ftpserver.user.admin.maxloginperip=0
ftpserver.user.admin.idletime=0
ftpserver.user.admin.uploadrate=0
ftpserver.user.admin.downloadrate=0


ftpserver.user.anonymous.userpassword=
ftpserver.user.anonymous.homedirectory=./res/home
ftpserver.user.anonymous.enableflag=true
ftpserver.user.anonymous.writepermission=false
ftpserver.user.anonymous.maxloginnumber=20
ftpserver.user.anonymous.maxloginperip=2
ftpserver.user.anonymous.idletime=300
ftpserver.user.anonymous.uploadrate=4800
ftpserver.user.anonymous.downloadrate=4800


#配置新的用户和密码
ftpserver.user.lxw.userpassword=123456
ftpserver.user.lxw.homedirectory=./res/home
#当前用户可用
ftpserver.user.lxw.enableflag=true
#具有上传权限
```

```
ftpserver.user.lxw.writepermission=true
#最大登录用户数为 20
ftpserver.user.lxw.maxloginnumber=20
#同 IP 登录用户数为 2
ftpserver.user.lxw.maxloginperip=2
#空闲时间为 300s
ftpserver.user.lxw.idletime=300
#上传速率限制为 480000B/s
ftpserver.user.lxw.uploadrate=48000000
#下载速率限制为 480000B/s
ftpserver.user.lxw.downloadrate=48000000
```

2）修改 ftpd-typical.xml 配置文件

该配置文件所在位置为 D:\apache-ftpserver-1.1.1\res\conf\ftpd-typical.xml，同样也可使用软件 Sublime Text.exe 编辑。配置文件中的默认端口号是 2121，可以自行修改端口（可在动态端口范围 1024～65535 尝试选择，或选择系统默认端口 21）。以下为该配置文件的内容，带有下画线的内容可根据需要进行修改。

```
<server xmlns="http://mina.apache.org/ftpserver/spring/v1"
    xmlns:xsi="http://www.w3.org/2001/XMLSchema-instance"
    xsi:schemaLocation="http://mina.apache.org/ftpserver/spring/v1
        http://mina.apache.org/ftpserver/ftpserver-1.0.xsd"
    id="myServer">
    <listeners>
        <!--默认端口号是 2121，可以修改为自己的端口-->
        <nio-listener name="default" port="2121">
            <ssl>
                <keystore file="./res/ftpserver.jks" password="password" />
            </ssl>
        </nio-listener>
    </listeners>
#用户的配置文件，clear 表示用户配置文件中的密码是明文
    <file-user-manager file="./res/conf/users.properties" encrypt-passwords="clear"/>
    <!--添加 encrypt-passwords="clear"，将密码加密方式修改给 clear-->
</server>
```

3. 启动 Ftpserver

按 Win+R 快捷键，弹出"运行"窗口，在其中输入"cmd"字符串，打开命令提示符窗口，再在此窗口中进行以下操作。

1）进入 FtpServer 目录

（1）输入"D:"字符串。

（2）输入"cd　D:\apache-ftpserver-1.1.1\bin"字符串，以切换目录。

2）启动 FTP 服务

（1）输入命令"service.bat　install"字符串。

（2）输入命令"ftpd.bat　res/conf/ftpd-typical.xml"字符串。输入完命令后，稍等即出现"ftpserver　started"，表示启动成功。

3）FTP 服务的关闭和重新启动

（1）关闭 FTP 服务即停止，输入命令"service.bat remove ftpd.bat"。

（2）重新启动 FTP 服务，再次输入上述启动 FtpServer 的两条命令即可。

4）64 位 Windows 7 系统下 FTP 服务不能启动的解决方法

尝试将 Tomcat 新版本（如 apache-tomcat-10.0.16-windows-x64）中 bin 目录里的 tomcat10.exe 和 tomcat10w.exe 复制到 Apache FtpServer 的 bin 目录下，并将原有的 ftpd.exe 和 ftpdw.exe 改名或删除，然后将 tomcat10.exe 和 tomcat10w.exe 分别改名为 ftpd.exe 和 ftpdw.exe。再次重启 FTP 服务，服务将可以正常启动。

4．配置 Java 环境变量

需要注意，由于 FtpServer 是纯 Java 编写的，所以启动 FtpServer 时，如果输入的第 2 条启动命令不能执行，出现错误提示信息，可能是操作系统没有配置好 Java 环境变量，因此要注意预先配置好 Java 环境变量。

1）配置方法

（1）确认已经安装了 Java 的 JDK，例如，可安装 jdk-7u7-windows-x64。

（2）右击桌面上的"计算机"图标![图标]，选择"属性"→"高级系统设置"→"高级"→"环境变量"选项，在"系统变量"部分新建 JAVA_HOME 变量，变量值为之前安装 jdk 的目录，如 C:\Program Files\Java\jdk-10.0.2。

（3）在"系统变量"部分新建 CLASSPATH 变量，变量值为.;%JAVA_HOME%\lib;%JAVA_HOME%\lib\tools.jar。

（4）在"系统变量"部分找到 Path 变量，双击可编辑，变量值中增加;%JAVA_HOME%\bin;%JAVA_HOME%\jre\bin。

2）验证配置是否成功

完成上面 3 个变量的配置，Java 环境变量的配置就完成了，接下来还需要验证配置是否成功。

按 Win+R 快捷键，弹出"运行"窗口，在其中输入"cmd"字符串，打开命令提示符窗口，输入命令"javac"，如果看到如图 5-12 所示的界面，即表示配置成功。

图 5-12　Java 环境变量配置成功

5．登录 FTP 服务器

以上述配置文件 ftpd-typical.xml 中默认端口号为 2121，用户名为 lxw，密码为 123456。

1）本机登录 FTP 服务器

双击桌面上的"计算机"图标，在打开的窗口搜索栏中输入"ftp://127.0.0.1:2121"或"ftp://localhost:2121"字符串，然后按 Enter 键，在弹出的窗口中输入 FTP 站点授权的指定用户名"lxw"和密码"123456"，即可登录 FTP 服务器。

2）客户机登录 FTP 服务器

双击桌面上的"计算机"图标，在打开的窗口搜索栏中输入"ftp://192.168.x.101:2121"字符串，然后按 Enter 键，在弹出的窗口中输入 FTP 站点授权的指定用户名"lxw"和密码"123456"，即可登录 FTP 服务器。

6．使用 FTP 文件服务

登录 FTP 服务器后，即可以使用 FTP 服务。用户可以将 FTP 服务器中的文件或文件夹下载到本地机，也可以将本地机的文件或文件夹上传到 FTP 服务器中（登录的用户需在配置文件 users.properties 中有"上传"权限才行）。下载或上传过程类似在本地机内部进行文件或文件夹的复制，只需要执行"复制"和"粘贴"操作即可。

5.3　局域网中的数据库服务

5.3.1　字符编码预备知识

在 Windows 操作系统上使用浏览器浏览网页时，常常会发生这样的问题：在浏览使用 UTF-8 编码的网页时，可能由于浏览器无法自动侦测该页面所用的编码而导致网页乱码现象。什么是 UTF-8 编码？下面对字符编码知识做简单的介绍。

1．ASCII 码

我们知道，计算机内部的所有信息最终都是一个二进制值。每一个二进制位（bit）有 0 和 1 两种状态，因此 8 个二进制位就可以组合出 256 种状态，这被称为一个字节（Byte）。也就是说，一个字节可以用来表示 256 种不同的状态，每一个状态对应一个符号，就是 256 个符号，从 00000000 到 11111111。

20 个世纪 60 年代，美国制定了一套字符编码，对英语字符与二进制位之间的关系做了统一规定。这被称为 ASCII 码，一直沿用至今。ASCII 码一共规定了 128 个字符的编码。例如，空格键（SPACE）值是 32（二进制值 00100000），大写字母 A 的值是 65（二进制值 01000001）。这 128 个符号（包括 32 个不能打印出来的控制符号）只占用了一个字节的后面 7 位，最前面的一位统一规定为 0。

2. 非 ASCII 编码

英语用 128 个符号编码就够了，但是用来表示其他语言，128 个符号是不够的。例如，在法语中，字母上方有注音符号，它就无法用 ASCII 码表示。于是，一些欧洲国家就决定将字节中闲置的最高位编入新的符号。例如，法语中的 é 的编码为 130（二进制值 10000010）。这样一来，这些欧洲国家使用的编码体系可以表示最多 256 个符号。

但是，这里又出现了新的问题。不同的国家有不同的字母，因此，哪怕它们都使用 256 个符号的编码方式，代表的字母却不一样。例如，130 在法语编码中代表了 é，在希伯来语编码或俄语编码中又会代表另一个符号。但是在所有这些编码方式中，0～127 表示的符号是一样的，不一样的只是 128～255 的这一段。

至于亚洲国家的文字，使用的符号就更多了，汉字就多达 10 万个。一个字节只能表示 256 种符号，肯定是不够的，就必须使用多个字节表示一个符号。例如，简体中文常见的编码方式是《信息交换用汉字编码字符集》（GB 2312—1980）（以下简称 GB2312），使用两个字节表示一个汉字，所以理论上最多可以表示 256×256=65536 个符号。

3. Unicode

1）什么是 Unicode

由于存在多种编码方式，同一个二进制数字可以被解释成不同的符号，因此，要想打开一个文本文件，就必须知道它的编码方式，否则用错误的编码方式解读就会出现乱码。为什么电子邮件常常出现乱码？就是因为发信人和收信人使用的编码方式不一样。

可以想象，如果有一种编码，将世界上所有的符号都纳入其中，每一个符号都给予一个独一无二的编码，那么乱码问题就会消失。这就是 Unicode，就像它的名字所表示的，这是一种所有符号的编码。

Unicode 是一个很大的集合，现在的规模可以容纳 100 多万个符号，每个符号的编码都不一样。例如，U+0639 表示阿拉伯字母 Ain，U+0041 表示英语的大写字母 A，U+4E25 表示汉字"严"。具体的符号对应表，可以到官网 unicode.org 上查询，或者上网查询专门的汉字对照表。

2）Unicode 存在的问题

需要注意的是，Unicode 只是一个符号集，它只规定了符号的二进制代码，却没有规定这个二进制代码应该如何存储。

例如，汉字"严"的 Unicode 是十六进制数 0x4E25，转换成二进制数足足有 15 位，即 100111000100101B，也就是说，这个符号的表示至少需要 2 个字节。表示其他的符号，还可能需要 3 个字节或者 4 个字节，甚至更多。这里就有如下两个严重的问题。

（1）一个问题是如何才能区别 Unicode 和 ASCII，即计算机怎么知道 3 个字节表示 1 个符号，而不是分别表示 3 个符号。

（2）另一个问题是英文字母只用 1 个字节表示就够了，如果 Unicode 统一规定，每个符号用 3 个或 4 个字节表示，那么每个英文字母前都必然有 2～3 字节是 0，这对于存储来说是极大的浪费，文本文件的大小会因此增大 2～3 倍，这是无法接受的。

因此，就出现了 Unicode 的多种存储方式，也就是说，有许多种不同的二进制编码格式可以用来表示 Unicode；也正因为编码格式不统一，Unicode 在很长一段时间内无法推广，直到互联网的出现。

4．UTF-8

随着互联网的普及，强烈要求出现一种统一的编码方式。UTF-8 就是在互联网上使用最广泛的一种 Unicode 的实现方式。其他实现方式还包括 UTF-16（字符用 2 个字节或 4 个字节表示）和 UTF-32（字符用 4 个字节表示），不过在互联网上基本不用。

UTF-8 最大的一个特点，就是它是一种变长的编码方式。它可以使用 1~4 个字节表示一个符号，根据不同的符号而变化字节长度。UTF-8 的编码规则很简单，只有如下两条。

1）对于单字节的符号

字节的第 1 位设为 0，后面 7 位为这个符号的 Unicode 码。因此对于英语字母，UTF-8 编码和 ASCII 码是相同的。

2）对于 n 字节的符号（$n>1$）

第 1 个字节的前 n 位都设为 1，第 $n+1$ 位设为 0，后面字节的前两位一律设为 10。剩下没有提及的二进制位全部为这个符号的 Unicode 码。

UTF-8 编码规则如表 5-8 所示，其中字母 x 表示可用编码的位。

表 5-8　UTF-8 编码规则

Unicode 符号范围 （十六进制）	UTF-8 编码方式 （二进制）
0000 0000~0000 007F	0xxxxxxx
0000 0080~0000 07FF	110xxxxx 10xxxxxx
0000 0800~0000 FFFF	1110xxxx 10xxxxxx 10xxxxxx
0001 0000~0010 FFFF	11110xxx 10xxxxxx 10xxxxxx 10xxxxxx

解读 UTF-8 编码时，如果某个字节的第 1 位是 0，则表示这个字节单独就是一个字符；如果第 1 位是 1，则连续有多少个 1，就表示当前字符占用多少个字节。

以汉字"严"为例，演示如何实现 UTF-8 编码。"严"的 Unicode 是 0x4E25，对应二进制数为 100111000100101B，可以发现 0x4E25 处于表 5-8 第 3 行的十六进制数"00000800~0000FFFF"范围内，因此"严"的 UTF-8 编码需要 3 个字节，即格式是二进制数"1110xxxx 10xxxxxx 10xxxxxx"。然后，从"严"的最后一个二进制位开始，依次从后向前填入格式中的 x，多出的位补 0。这样就得到"严"的 UTF-8 编码是二进制数 11100100 10111000 10100101B，转换成十六进制数即 0xE4B8A5。

5．Unicode 与 UTF-8 之间的转换

"严"的 Unicode 码是 0x4E25，UTF-8 编码是 0xE4B8A5，两者是不一样的。它们之间的转换可以通过程序实现。Windows 平台有一个最简单的转换方法，就是使用内置的记事本小程序 NotePad.exe。打开文件后，选择"文件"→"另存为"命令，会弹出一个对话

框，在最底部有一个编码的下拉列表框，如图 5-13 所示。

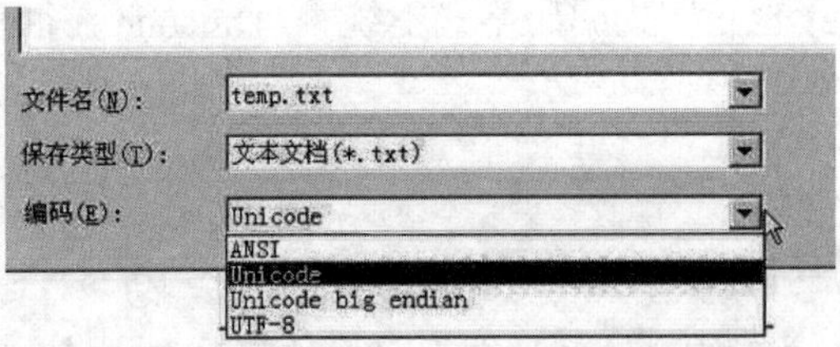

文件名(N):	temp.txt
保存类型(T):	文本文档(*.txt)
编码(E):	Unicode
	ANSI
	Unicode
	Unicode big endian
	UTF-8

图 5-13　Unicode 与 UTF-8 转换

下拉列表框中有 4 个选项：ANSI、Unicode、Unicode big endian 和 UTF-8，简介如下。

1）ANSI

这是默认的编码方式。对应的英文是 ASCII 编码，对应的中文是 GB2312 编码（只针对 Windows 简体中文版，如果是繁体中文版，会采用 Big5 码）。

2）Unicode

该编码指的是 NotePad.exe 使用的 UCS-2 编码，即直接使用两个字节来存放字符的 Unicode 码，这个选项用的是 little endian 格式。

3）Unicode big endian

该编码与 Unicode 相对应，但这个选项用的是 big endian 格式。

4）UTF-8

该编码即上文谈到的变长编码方式。

从"编码"下拉列表框中选择所需的选项后，单击"保存"按钮，文件的编码方式就转换完成。

6．little endian 和 big endian

上面提到 UCS-2 格式可以存储 Unicode 码（码值不超过 0xFFFF）。以汉字"严"为例，Unicode 码是 0x4E25，需要用两个字节存储，一个字节是 0x4E，另一个字节是 0x25。存储的时候，0x4E 在前，0x25 在后，这就是 big endian 方式；0x25 在前，0x4E 在后，这是 little endian 方式。即第 1 个字节在前，就是大端方式（big endian），第 2 个字节在前，就是小端方式（little endian）。

那么又会出现一个问题：计算机怎么知道某一个文件到底采用哪一种方式编码？Unicode 规范定义，每一个文件的最前面分别加入一个表示编码顺序的字符，这个字符的名字叫作零宽度非换行空格（zero width no-break space），用 FEFF 表示。这正好是两个字节，而且 FF 比 FE 大 1。如果一个文本文件的头两个字节是 FEFF，就表示该文件采用大端方式；如果头两个字节是 FFFE，就表示该文件采用小端方式。

📚 **拓展**：little endian 和 big endian 这两个名称来自英国作家斯威夫特的《格列佛游记》。在该书中，小人国里爆发了内战，战争起因是人们争论"吃鸡蛋时究竟是从大端 big endian 敲开，还是从小端 littleendian 敲开"。为了这件事情，前后爆发了 6 次战争，一个皇帝送了命，另一个皇帝丢了王位。

7．编码规则验证实例

打开记事本程序 NotePad.exe，新建一个文本文件，内容就是一个"严"字，依次采用 ANSI、Unicode、Unicode big endian 和 UTF-8 编码方式保存。然后，可用文本编辑软件 UltraEdit 中的十六进制功能，观察该文件的内部编码方式。

1）ANSI

编码就是 2 个字节：0xD1 CF，这正是"严"的 GB2312 编码，这也暗示 GB2312 是采用大端方式存储的。

2）Unicode

编码是 4 个字节：0xFF FE 25 4E，其中，FF FE 表明是小端方式存储，真正的编码是 4E25。

3）Unicode big endian

编码是 4 个字节：0xFE FF 4E 25，其中，FE FF 表明是大端方式存储。

4）UTF-8

编码是 6 个字节：0xEF BB BF E4 B8 A5，前 3 个字节 0xEF BB BF 表示这是 UTF-8 编码，后 3 个字节 0xE4 B8 A5 就是"严"的具体编码，它的存储顺序与编码顺序是一致的。

5.3.2　数据库的预备知识

1．数据库的基本概念

类似 ASP 这样的动态网站开发离不开数据存储，数据存储离不开数据库，数据库技术在软件开发中有着至关重要的作用。数据库简称 DB（database），可以理解为用来存储数据的仓库。这里所谓的数据含义比较广泛，例如，用户的姓名、年龄，产品的价格、简介，或者某一个日期、时间，乃至一幅图像等都算是数据。不过，这里所说的数据库并不是简单的仓库，它能提供一系列科学的存储数据、读取数据、管理数据的方法。

2．常见的数据库及分类

常见的数据库有许多种，如 MySQL、Oracle、SQL Server、MongoDB 等。其中，MySQL 是目前使用较为广泛的开源免费数据库，而 Oracle 和 SQL Server 不是开源和免费的。不过，这 3 种数据库都属于传统的 SQL（structured query language，结构化查询语言）数据库，即关系型数据库。所谓关系型数据库，是指采用了关系模型来组织数据的数据库。其中，关系模型简单说就是二维表格模型，其最明显的特征是它的数据全部是通过表单进行存储，有行和列之分。

而 MongoDB 数据库则属于 NoSQL（not only SQL）数据库，即非关系型数据库。它是一个基于分布式文件存储的数据库，它的数据存储是以文档或者集合的形式进行，没有行和列之分。因为它可以支持复杂的数据结构，而且带有强大的数据查询功能，因此也非常受欢迎。

目前许多大型互联网项目都选用 MySQL（或其他关系型数据库）+NoSQL 的组合方案，其中，MySQL 数据库适合存储用户的账号、地址等结构化数据，而 NoSQL 数据库适合存储文章、评论等非结构化数据。

3．Access 2010 数据库

Access 2010 是 Office 2010 系列办公软件中的产品之一，是微软公司出品的优秀的桌面数据库管理和开发工具。Access 2010 采用了和 Access 2007 相同的数据库文件扩展名，即.accdb，而之前的各个 Access 版本都采用扩展名.mdb。Access 2010 数据库的相关基础知识简介如下。

1）数据表的基本概念

（1）表：数据库中最基本的对象，一切数据只存储于表中。

（2）字段：即表中的列，一个表最多可以有 255 个字段。

（3）记录：即表中的行。

（4）字段名：最大长度不超过 64 个字符，字段名中不能有点、叹号、中括号（即"."
"!""[]"），可以有空格但不能在前面。

2）数据表的主键

主键，即主关键字，其特点如下。

（1）主键值能唯一地标识表中记录。

（2）一个表只可设置一个主键。

（3）主键可以由一个字段组成，也可以由多个字段组成。

（4）主键的值不可以重复，也不能为空（NULL）。

（5）Access 会自动按主键值的顺序显示表中的记录，如果没有定义主键，则按输入记录的顺序显示表中的记录。

（6）建立主键是两个表建立关联的基础。

（7）虽然主键不是必需的，但最好为每个表都设置一个主键。

（8）自动编号型字段可自动创建为主键，创建了主键的字段自动创建为无重复的索引。

3）数据表的外键

外键，又称为外关键字，另一个表的主键在当前表中即为外键。

4）数据表的常用数据类型

（1）文本：最大长度 255 个字符，默认 255 个字符。用于存储文本和数字。

（2）数字：在字段大小属性中有字节、整型、长整型（默认）、小数、单精度、双精度、同步复制 ID 等选项。

（3）货币：系统自动显示人民币符号和千位分节逗号。

（4）备注：长度不能超过 65535 个字符。

（5）日期/时间：用于存储日期或时间。

（6）自动编号：系统自动指定（递增或随机）唯一的顺序号，删除后不能再生成。

（7）是/否：用于保存只有两种状态的数据。

（8）OLE 对象：主要用于存放图形、声音、图像等对象，可以采用嵌入和连接两种方式。

（9）超链接：主要用于存放网址。

（10）附件：用于在一个字段中存储多个不同类型的文件，如 Word 文档、图像文件等。

5.3.3 应用 IIS 搭建 ASP+Access 数据库网站

1. 安装调试 ASP 的环境

建立一个 ASP+Access 数据库的网站，需要将网站的所有文件放到同一个文件夹中。例如，在 D 盘建立一个名为 aspweb 的文件夹。首先要安装 Windows 7 自带的 IIS，以此为网站提供 Web 服务支持，这里不再赘述。在 IIS 中应执行如下步骤。

1）添加一个新网站

在 IIS 中添加一个新网站，命名为 ASPWeb，网站物理路径设置为 D:\aspweb，网站绑定 IP 地址应为当前 IIS 服务器所在 IP 地址，详细操作方法可参照 5.1.1 节。

2）设置 ASP 配置页面

在 IIS 的网站功能视图中，选择站点 ASPWeb，如图 5-14 所示。双击该站点的 ASP 图标，进入其配置页面，然后在"行为"组中将"启用父路径"设置为 True；再在功能视图中双击"默认文档"图标，进入首页的配置页面，选择"添加"选项，在弹出的窗口中输入首页名称（如 index.asp），然后单击"确定"按钮。

图 5-14　添加的新网站 ASPWeb

3）编辑 index.asp

用软件 Sublime Text.exe 编辑首页 index.asp，在其中添加以下内容，然后保存在网站的目录 D:\aspweb 中。

```
<%response.write "hello world!"%>
```

其中，response.write 是显示的意思，前后的"<%"和"%>"是 ASP 语言的标记符号，两个标记符号之间的信息由服务器处理。

4）测试网站首页

打开浏览器，在地址栏内输入本机地址"http://127.0.0.1"或者"http://localhost"字符串，并按 Enter 键，网页中就会出现"hello world!"字样。

5）测试向服务器传送变量

（1）用软件 Sublime Text.exe 编辑网页 biaodan.html 和 reg.asp，保存在网站的目录 D:\aspweb 中。

（2）文件 biaodan.html 可向服务器传送变量，然后将变量显示在客户端的浏览器上，其代码如下。

```
<form name="form1" method="post" action="reg.asp">
姓名：
<input type="text" name="name">                     //文本域，名字叫 name
<br>
密码：
<input type="password" name="psw">                  //文本域，用来输入密码，名字叫 psw
<br>
性别：
<br>
男<input type="radio" name="sex" value="男">         //单选，名字叫 sex，数值是"男"
<br>
女<input type="radio" name="sex" value="女">         //单选，名字叫 sex，数值是"女"
<br>
城市：
<select name="city">
<option value="上海" s elected>上海</option>        //复选，大家自己分析一下
<option value="北京">北京</option>
</select>
<br>
<input type="submit" name="Submit" value="提交"> // "提交"按钮
<input type="reset" name="Submit2" value="重置">
</form>
```

（3）在地址栏内输入"http://127.0.0.1/biaodan.html"字符串，这时，可由网站的 reg.asp 将已提交的信息显示出来。reg.asp 的代码如下。

```
<%@Language="vbscript" Codepage="65001"
'UTF-8 编码的话：在 ASP 脚本顶部加入，解决乱码'
%>
<%
name=request.form("name")
psw=request.form("psw")
sex=request.form("sex")
city=request.form("city")
response.write name
response.write psw
response.write sex
response.write city
'注意添加此句，否则会导致中文乱码'
response.charset="utf-8"
%>
```

2．创建 Accees 数据库

在 Access 2010 数据库中，创建新数据库的步骤如下。

1）新建一个空数据库

打开 Access 2010 数据库软件，如图 5-15 所示。双击其中的"空数据库"图标，新建一个数据库，命名为 guestbook.accdb，保存至 D:\aspweb\database 路径下（须预先在 D:\aspweb\路径下创建 database 文件夹）。

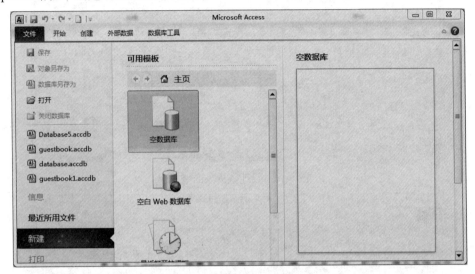

图 5-15　Access 2010 软件主窗口

2）设计表

（1）创建数据表。选择 Access 软件主菜单的"创建"标签，单击"表"按钮；然后选择主菜单的"开始"标签，选择"视图"→"设计视图"选项，在弹出的窗口中输入表名 guest，数据表自动生成字段 ID，ID 默认为数据表的主键，其数据类型为"自动编号"。

（2）设计数据表的字段。首先增加字段 gname，如图 5-16 所示。"数据类型"选择"文本"，"说明"填写"客户名称"，"字段大小"设置为 8，"默认值"设为"张三"，"必需"设置为"否"，"允许空字符串"设置为"是"，以防止出错。

类似地，再增加字段 school、telephone、message、gdate。其中，字段 gdate 默认值为"=date()"，表示系统以当前日期赋值给 gdate。注意，所有字段名不能包含中文。

3）输入数据表的内容

选择 Access 主菜单的"开始"标签，然后选择左侧的"视图"→"数据表视图"选项，系统会自动打开已创建的数据表，如图 5-17 所示。注意要在该"数据表视图"中添加 5～10 条测试用的数据记录，以便执行数据库的增、删、查、改等操作时使用。

提示：在表中添加新记录时，Access 数据库系统会自动检查新记录的主键值，不允许该值与其他记录的主键值重复。

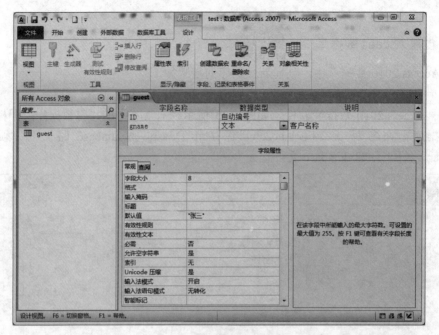

图 5-16　设计数据表的字段

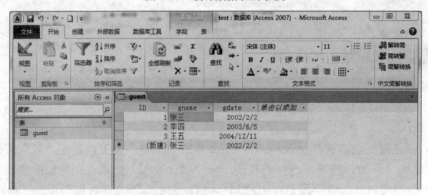

图 5-17　添加数据表的记录

5.3.4　通过网页读取 Access 数据库的数据记录

用软件 Sublime Text.exe 编辑网页 read.asp，保存在网站的目录 D:\aspweb 中。网站的
read.asp 执行数据库的读取，可尝试理解以下 read.asp 代码，并重点关注有下画线的部分，
以及如何在网页中添加语句解决乱码问题。

```
<%@Language="vbscript" codepage="65001"
'UTF-8 编码，在 ASP 脚本顶部加入，解决乱码'
%>
<%
'read.asp'
'定义一个 adodb 数据库连接组件，并连接数据库'
Dim connstr
```

```
connstr="provider=microsoft.ACE.oledb.12.0;
data source="& server.MapPath("database/guestbook.accdb")
Set conn = Server.Createobject("ADODB.Connection")
conn.Open connstr
%>
<%'设置查询数据库的命令'
exec="select * from guest"
'定义一个记录集组件，所有搜索到的记录都放在这里面'
set rs=server.createobject("adodb.recordset")
'打开这个记录集，后面参数"1,1"是读取'
rs.open exec,conn,1,1
%>
<table width="100%" border="0" cellspacing="0" cellpadding="0">
<%'注意添加此句，否则会导致中文乱码'
response.charset="UTF-8"
'读取记录，do 循环'
do while not rs.eof%><tr>
<td><%=rs("gname")%></td>
<td><%=rs("school")%></td>
<td><%=rs("telephone")%></td>
<td><%=rs("message")%></td>
<td><%=rs("gdate")%></td>
</tr><%
rs.movenext
loop
%>
</table>
<%
'下面的语句是用于关闭数据库'
rs.close
set rs=nothing
conn.close
set conn=nothing
%>
```

💡 提示：如不太理解程序源代码，可打开浏览器上网，通过输入关键词，在网页中查找参考答案。学会主动学习，是大学期间需要培养的重要个人素养。预先准备好包含网站内容的文件夹 test 添加到路径 C:\inetpub\wwwroot 下。

5.3.5　通过网页增加 Access 数据库的数据记录

1．创建文件 write.html

用软件 Sublime Text.exe 编辑网页 write.html，保存在网站的目录 D:\aspweb 中。为了写入新记录，需先建立一个表单文件 write.html。可尝试理解以下 write.html 代码，并重点关注有下画线的部分。

```
<!--write.html-->
<meta http-equiv="Content-Type" content="text/html; charset=UTF-8"/>
```

```
<form name="form1" method="post" action="regw.asp">
name <input type="text" name="gname"><br>
school<input type="text" name="school"><br>
telephone <input type="text" name="telephone"><br>
message <input type="text" name="message" value=""><br>
date <input type="text" name="gdate" value=""><br>
<input type="submit" name="Submit" value="提交">
<input type="reset" name="Submit2" value="重置">
</form>
```

2. 创建文件 regw.asp

用软件 Sublime Text.exe 编辑网页 regw.asp，保存在网站的目录 D:\aspweb 中。表单提交到 regw.asp，即可实现各字段数据写入 guestbook.accdb 数据库中。可尝试理解以下 regw.asp 代码，并重点关注有下画线的部分。

```
<%@Language="vbscript" codepage="65001"
'若为 UTF-8 编码，此句可在 ASP 脚本顶部加入，解决乱码'
%>
<%
'regw.asp'
'定义一个 adodb 数据库连接组件，并连接数据库'
Dim connstr
connstr="provider=microsoft.ACE.oledb.12.0;
data source=" & server.MapPath("database/guestbook.accdb")
Set conn = Server.Createobject("ADODB.Connection")
conn.Open connstr
'trim()函数确保输入的内容两端不含空格'
gname=trim(request.form("gname"))
school=trim(request.form("school"))
telephone=trim(request.form("telephone"))
message=trim(request.form("message"))
gdate=trim(request.form("gdate"))
set rs=server.CreateObject("adodb.recordset")
sql="select * from guest"
rs.open sql,conn,3,3
rs.addnew
rs("gname")=gname
rs("school")=school
rs("telephone")=telephone
rs("message")=message
rs("gdate")=gdate
rs.update
response.write "记录添加成功!"
'注意添加此句，否则会导致中文乱码'
response.charset="UTF-8"
'下面的语句用于关闭数据库'
rs.close
set rs=nothing
conn.close
set conn=nothing
%>
```

5.3.6　通过网页查询 Access 数据库的数据记录

1. 创建文件 query.html

用软件 Sublime Text.exe 编辑网页 query.html，保存在网站的目录 D:\aspweb 中。为了查询数据记录，需先建立一个表单文件 query.html。可尝试理解以下 query.html 代码，并重点关注有下画线的部分。

```html
<!--query.html-->
<meta http-equiv="Content-Type" content="text/html; charset=UTF-8"/>
<form name="form1" method="post" action="regq.asp">
搜索：<br>
name =
<input type="text" name="name">
and tel=
<input type="text" name="tel">
<br>
<input type="submit" name="Submit" value="提交">
<input type="reset" name="Submit2" value="重置">
</form>
```

2. 创建文件 regq.asp

用软件 Sublime Text.exe 编辑网页 regq.asp，保存在网站的目录 D:\aspweb 中。表单提交到 regq.asp，即可按查询条件从 guestbook.accdb 数据库中得到相关的查询结果。可尝试理解以下 regq.asp 代码，并重点关注有下画线的部分。

```asp
<%@Language="vbscript" codepage="65001"
'若为 UTF-8 编码，此句可在 ASP 脚本顶部加入，解决乱码'
%>
<%
'regq.asp'
response.charset="UTF-8"
'定义一个 adodb 数据库连接组件，并连接数据库'
Dim connstr
connstr="provider=microsoft.ACE.oledb.12.0;data source=" & server.MapPath
("database/guestbook.accdb")
Set conn = Server.Createobject("ADODB.Connection")
conn.Open connstr
%>
<%
'trim()函数确保输入的内容两端不含空格'
name=trim(request.form("name") )
tel=trim(request.form("tel") )
'设置查询数据库的命令'
exec="select * from guest where gname='"&name&"' and telephone='"&tel&"'"
'定义一个记录集组件，所有搜索到的记录都放在这里面'
set rs=server.createobject("adodb.recordset")
```

```
'打开这个记录集，后面参数"1,1"是读取
rs.open exec,conn,1,1
%>
<table width="100%" border="0" cellspacing="0" cellpadding="0">
'读取记录，do 循环'
<%do while not rs.eof%><tr>
<td><%=rs("qname")%></td>
<td><%=rs("school")%></td>
<td><%=rs("telephone")%></td>
<td><%=rs("message")%></td>
<td><%=rs("gdate")%></td>
</tr><%
rs.movenext
loop
%>
</table>
<%
'下面的语句用于关闭数据库'
rs.close
set rs=nothing
conn.close
set conn=nothing
%>
```

5.3.7 通过网页删除 Access 数据库的数据记录

1．创建文件 del.html

用软件 Sublime Text.exe 编辑网页 del.html，保存在网站的目录 D:\aspweb 中。为了删除记录，先建立一个表单文件 del.html。可尝试理解以下 del.html 代码，并重点关注有下画线的部分。

```
<!--del.html-->
<meta http-equiv="Content-Type" content="text/html; charset=UTF-8"/>
<form name="form1" method="post" action="regd.asp">
请输入要删除的电话号码：
<input type="text" name="tel">
<input type="submit" name="Submit" value="提交">
</form>
```

2．创建文件 regd.asp

用软件 Sublime Text.exe 编辑网页 regd.asp，保存在网站的目录 D:\aspweb 中。表单提交到 regd.asp，即可按删除条件从 guestbook.accdb 数据库中删除相关的记录。可尝试理解以下 regd.asp 代码，并重点关注有下画线的部分。

```
<%@Language="vbscript" codepage="65001"
'若为 UTF-8 编码，此句可在 ASP 脚本顶部加入，解决乱码'
```

```
%>
<%
'regd.asp'
response.charset="UTF-8"
'定义一个 adodb 数据库连接组件，并连接数据库'
Dim connstr
connstr="provider=microsoft.ACE.oledb.12.0;
data source=" & server.MapPath("database/guestbook.accdb")
Set conn = Server.Createobject("ADODB.Connection")
conn.Open connstr
%>
<%
tel=trim(request.form("tel") )
'设置数据库记录删除的命令'
exec="delete * from guest where telephone='"&tel&"'"
conn.execute exec
'设置查询数据库的命令'
exec="select * from guest"
'定义一个记录集组件，所有搜索到的记录都放在这里面'
set rs=server.createobject("adodb.recordset")
'打开这个记录集，后面参数"1,1"是读取'
rs.open exec,conn,1,1
%>
<table width="100%" border="0" cellspacing="0" cellpadding="0">
'读取记录，do 循环'
<%do while not rs.eof%><tr>
<td><%=rs("gname")%></td>
<td><%=rs("school")%></td>
<td><%=rs("telephone")%></td>
<td><%=rs("message")%></td>
<td><%=rs("gdate")%></td>
</tr><%
rs.movenext
loop
%>
</table>
<%
'下面的语句用于关闭数据库'
rs.close
set rs=nothing
conn.close
set conn=nothing
%>
```

5.3.8　通过网页修改 Access 数据库的数据记录

1. 创建文件 modify.html

用软件 Sublime Text.exe 编辑网页 modify.html，保存在网站的目录 D:\aspweb 中。修改

数据记录，需要先提供待修改数据记录 ID 号的输入界面，这个任务由 modify.html 完成，可尝试理解以下 modify.html 代码，并重点关注有下画线的部分。

```
<!--modify.html-->
<meta http-equiv="Content-Type" content="text/html; charset=UTF-8"/>
<form name="form1" method="post" action="regm.asp">
请输入要修改的记录 ID：
<input type="text" name="id">
<br>
<input type="submit" name="submit " value="提交">
</form>
```

2. 创建文件 regm.asp

用软件 Sublime Text.exe 编辑网页 regm.asp，保存在网站的目录 D:\aspweb 中。表单提交到 regm.asp，它接收 modify.html 页面的 ID 号，并显示这条记录对应的内容，且支持修改。可尝试理解以下 regm.asp 代码，并重点关注有下画线的部分。

```
<%@Language="vbscript" codepage="65001"
'若为 UTF-8 编码，此句可在 ASP 脚本顶部加入，解决乱码'
%>
<%
'regm.asp'
response.charset="UTF-8"
'定义一个 adodb 数据库连接组件，并连接数据库'
Dim connstr
connstr="provider=microsoft.ACE.oledb.12.0;
data source=" & server.MapPath("database/guestbook.accdb")
Set conn = Server.Createobject("ADODB.Connection")
conn.Open connstr
%>
<%'设置查询数据库的命令'
exec="select * from guest where id="&request.form("id")
'定义一个记录集组件，所有搜索到的记录都放在这里面'
set rs=server.createobject("adodb.recordset")
'打开这个记录集，后面参数"1,1"是读取'
rs.open exec,conn,1,1
%>
<form name="form1" method="post" action="modifysave.asp">
<table width="748" border="0" cellspacing="0" cellpadding="0">
<tr>
<td>姓名</td>
<td>电话</td>
<td>信息</td>
</tr>
<tr>
<td>
<input type="text" name="name" value="<%=rs("gname")%>">
</td>
```

132

```
<td>
<input type="text" name="tel" value="<%=rs("telephone")%>">
</td>
<td>
<input type="text" name="message" value="<%=rs("message")%>">
<input type="submit" name="Submit" value="提交">
<input type="hidden" name="id" value="<%=request.form("id")%>">
</td>
</tr>
</table>
</form>
<% '下面的语句用于关闭数据库'
rs.close
set rs=nothing
conn.close
set conn=nothing
%>`
```

3．创建文件 modifysave.asp

最后，用软件 Sublime Text.exe 编辑网页 modifysave.asp，保存在网站的目录 D:\aspweb 中。修改的记录内容需要保存到数据库中，这个任务由 modifysave.asp 来完成。可尝试理解以下 modifysave.asp 代码，并重点关注有下画线的部分。

```
<%@Language="vbscript" codepage="65001"
'若为 UTF-8 编码，此句可在 ASP 脚本顶部加入，解决乱码'
%>
<%
'modifysave.asp'
response.charset="UTF-8"
Dim connstr
'定义了一个 adodb 数据库连接组件，并连接了数据库'
connstr="provider=microsoft.ACE.oledb.12.0;
data source=" & server.MapPath("database/guestbook.accdb")
Set conn = Server.Createobject("ADODB.Connection")
conn.Open connstr
%>
<%
exec="select * from guest where id="&request.form("id")
set rs=server.createobject("adodb.recordset")
'打开这个记录集，后面参数 "1,3" 是修改
rs.open exec,conn,1,3
rs("gname")=request.form("name")
rs("telephone")=request.form("tel")
rs("message")=request.form("message")
rs.update
%>
<%
'下面的语句用于关闭数据库'
```

```
response.write "记录修改成功!"
rs.close
set rs=nothing
conn.close
set conn=nothing
%>
```

至此，读者已了解了数据库的数据读取、新增、查询、删除和修改等基本操作方法。不过，要实现在浏览器中运行上述 ASP+Access 数据库的网站，前提条件是要搭建好的局域网和 Web 服务器，具体方法可参照本章 5.1 节介绍的内容，此处不再赘述。

5.4　实训 1：局域网 Web 服务器的搭建

实训目标

（1）了解简单网页的内容编辑工具和编辑方法。
（2）掌握使用 IIS 搭建局域网 Web 服务器的步骤和设置方法。
（3）学会 Windows 防火墙的 Web 端口设置基本方法。
（4）进一步熟悉应用路由器搭建局域网。

实训要求

（1）应用网页编辑工具编辑简单的网页 index.html。
（2）使用 IIS 在指定的路径下搭建局域网 Web 服务器。
（3）开放 Windows 防火墙的 80 端口。

实训环境

（1）安装好 IIS 服务的台式机。
（2）高级文本编辑器软件 Sublime Text 4.0。
（3）带水晶头的网线，数量若干。
（4）路由器 TL-WR886N V4。

5.4.1　搭建单路由器局域网 Web 服务器

1. 搭建 Web 服务器

仔细阅读 5.1.2 节的内容，以学生机 1 为服务器，学生机 2 为客户机，尝试完成单路由器局域网的 Web 服务器的搭建。

2. 测试 Web 服务

在浏览器中访问测试网站的网页。

5.4.2　简单网页设计

1．设计简单网页

仔细阅读 5.1.5 节的内容，编辑一个包含文字和图片的简单网页 index.html，作为网站的首页，内容可自行设计，并在路径 C:\inetpub\wwwroot\test 下保存该网页。

2．测试网页

在浏览器中测试网页的显示效果。

5.4.3　搭建双路由器局域网 Web 服务器

1．搭建内网访问外网时局域网的 Web 服务器

仔细阅读 5.1.3 节的内容，以学生机 1 为服务器，学生机 2 为客户机，尝试完成内网访问外网时局域网 Web 服务器的搭建，然后在浏览器中访问测试网站的网页。

2．搭建外网访问内网时局域网的 Web 服务器

仔细阅读 5.1.4 节的内容，以学生机 1 为服务器，学生机 2 为客户机，尝试完成外网访问内网时局域网 Web 服务器的搭建，然后在浏览器中访问测试网站的网页。

5.5　实训 2：局域网 FTP 服务器的搭建

实训目标

（1）掌握使用 IIS 搭建局域网 FTP 服务器的步骤和设置方法。
（2）学会 Windows 防火墙的 FTP 端口设置基本方法。
（3）进一步熟悉应用路由器搭建局域网。
（4）学会设置 FTP 服务器的用户读写文件权限。

实训要求

（1）使用 IIS 在指定的路径下搭建局域网 FTP 服务器。
（2）练习设置 FTP 服务器两个以上用户的读写文件权限。
（3）开放 Windows 防火墙的 21 端口。
（4）应用软件 Apache FtpServer 搭建 FTP 服务器。

实训环境

（1）安装好 IIS 服务的台式机。
（2）高级文本编辑器软件 Sublime Text 4.0。
（3）FTP 服务软件 Apache FtpServer 1.1.1 Release。

（4）带水晶头的网线，数量若干。

（5）路由器 TL-WR886N V4。

5.5.1 搭建单路由器局域网 FTP 服务器

1. 应用 IIS 搭建 FTP 服务器

阅读 5.2.2 节的内容，以学生机 1 为 FTP 服务器，学生机 2 为客户机，搭建单路由器局域网的 FTP 服务器。

2. 设置用户及其读写权限

创建新用户 TEST，密码为 123456，该用户权限为只读；创建新用户 ADMIN，密码为 123456，该用户权限允许读和写。

3. 测试 FTP 服务

测试 FTP 服务器上传和下载文件或文件夹的功能。

4. 应用 Apache FtpServer 搭建 FTP 服务器

仔细阅读 5.2.5 节的内容，搭建 FTP 服务器，并重复上述第 2~3 步，测试用户读写权限改变前后 FTP 服务器上传和下载文件或文件夹的差异。

📢 注意：应用 Apache FtpServer 搭建 FTP 服务器时，要先在 IIS 中停止 FTP 服务，否则可能会出现端口冲突问题。

5.5.2 搭建双路由器局域网 FTP 服务器

1. 内网客户机可访问外网的 FTP 服务器

仔细阅读 5.2.3 节的内容，以学生机 1 为 FTP 服务器，学生机 2 为客户机，使用两台路由器，实现内网客户机可访问外网的 FTP 服务器。测试 FTP 站点是否可登录、是否可正常上传和下载文件。

2. 外网客户机可访问内网的 FTP 服务器

仔细阅读 5.2.4 节的内容，以学生机 1 为 FTP 服务器，学生机 2 为客户机，使用两台路由器，实现外网客户机可访问内网的 FTP 服务器。测试 FTP 站点是否可登录、是否可正常上传和下载文件。

5.6 实训 3：局域网 ASP+Access 数据库服务器的搭建

📱 实训目标

（1）掌握使用 IIS 搭建 ASP+Access 数据库网站的方法。

（2）学会创建 Access 数据库。

（3）了解网页代码操作 Access 数据库的数据记录过程。

实训要求

（1）使用 IIS 在指定的路径下搭建 ASP+Access 数据库网站。

（2）练习创建 Access 数据库和设计数据表。

（3）开放 Windows 防火墙的 80 端口。

（4）调用网页代码读取数据，并对数据记录进行增、删、查、改操作。

实训环境

（1）安装好 IIS 服务和 Access 2010 的台式机。

（2）高级文本编辑器软件 Sublime Text 4.0。

（3）带水晶头的网线，数量若干。

（4）路由器 TL-WR886N V4。

5.6.1　搭建单路由器局域网 Access 数据库网站

1．搭建 Web 服务器

仔细阅读 5.1.2 节的内容，以学生机 1 为 Web 服务器，学生机 2 为客户机，搭建单路由器局域网的 Web 服务器。

2．搭建 Access 数据库网站

仔细阅读 5.3.3 节的内容，以学生机 1 为 Access 服务器，学生机 2 为客户机，搭建局域网 ASP+Access 数据库网站。网站物理路径为 D:\aspweb，数据库路径为 D:\aspweb\database，数据库名称为 guestbook.accdb，其中有一张数据表 guest。

5.6.2　通过网页操作 Access 数据库的数据记录

1．读取 Access 数据库的数据记录

仔细阅读 5.3.4 节的内容，创建 read.asp，保存至路径 D:\aspweb，并在浏览器中测试网页。

2．增加 Access 数据库的数据记录

仔细阅读 5.3.5 节的内容，创建 write.html 和 regw.asp，保存至路径 D:\aspweb，并在浏览器中测试网页。

3．查询 Access 数据库的数据记录

仔细阅读 5.3.6 节的内容，创建 query.html 和 regq.asp，保存至路径 D:\aspweb，并在浏览器中测试网页。

4．删除 Access 数据库的数据记录

仔细阅读 5.3.7 节的内容，创建 del.html 和 regd.asp，保存至路径 D:\aspweb，并在浏览器中测试网页。

5．修改 Access 数据库的数据记录

仔细阅读 5.3.8 节的内容，创建 modify.html、regm.asp 和 modifysave.asp，保存至路径 D:\aspweb，并在浏览器中测试网页。

🔊 **注意：** Access 数据库文件 guestbook.accdb，其数据表 guest 的字段 ID 设置为主键。请自行设计数据记录内容，数据表的记录条数至少要有 10 条。

5.7　本　章　小　结

本章介绍了计算机局域网最基本的几种服务，学习了在几种不同情形的局域网下搭建 Web 服务器、FTP 服务器和 Access 数据库服务器的基本方法；安排了 Web 服务器、FTP 服务器的搭建实践训练，并以 ASP 网站搭建为例，安排了从 Access 数据库的数据记录读取、新增、查询、删除、修改等操作的简单程序调试实践训练。

通过本章的学习，希望读者能初步掌握几种基本网络服务的搭建方法，了解数据库的基本概念和 Access 基本操作方法，提高学习计算机网络知识的兴趣，增强今后专业课程中学习数据库技术、网络编程技术等的动力。

5.8　思考与练习

（1）上网查阅资料，了解如何用 Apache、Nginx 等服务器软件搭建一个简单的 Web 服务。

（2）如果 IIS 中已经部署了 FTP 服务，现改为用 Apache FtpServer 搭建 FTP 服务器，需要先停止 IIS 中的 FTP 服务，该如何操作？

（3）除 Web 服务器端口 80 和 FTP 服务器端口 21 以外，上网查阅资料，了解诸如电子邮件、远程桌面等其他常用服务的端口号。

（4）ASP 网页的语句 "@Language="vbscript" codepage="65001""，其含义如下：
"@Language="vbscript"" 表示当前使用的脚本语言为 vbscript，"codepage="65001"" 定义网页使用的字符集为 UTF-8 字符集。尝试在 5.3 节含有中文字符的网页中删除上述语句，再次浏览这些网页，观察其是否出现乱码现象。

（5）按"实训 1"的要求，改为以学生机 2 为服务器，学生机 1 为客户机，其他不变，重复实训 1 的内容，填写表 5-9 和表 5-10 所示的相应网络参数设置记录表。

表 5-9　Web 服务器和客户机网络参数记录表

对　象	网 络 参 数	内　容
Web 服务器 （学生机 2）	IP 地址	
	子网掩码	
	网关	
	DNS	
客户机 （学生机 1）	IP 地址	
	子网掩码	
	网关	
	DNS	

表 5-10　路由器网络参数记录表

对　象	网 络 参 数	内　容
WAN 口参数	IP 地址	
	子网掩码	
	网关	
	DNS	
LAN 口参数	IP 地址	
	子网掩码	
	DHCP	
	地址池开始 IP	
	地址池结束 IP	

参 考 文 献

[1] 郑平. 计算机组装与维护应用教程[M]. 北京：人民邮电出版社，2010.

[2] 蔡英，王曼韬. 计算机组装与维护[M]. 北京：人民邮电出版社，2014.

[3] 王天曦. 电子工艺实习[M]. 北京：电子工业出版社，2013.

[4] 李水. 电子产品工艺[M]. 北京：机械工业出版社，2015.

[5] 王建花. 电子工艺实习[M]. 北京：清华大学出版社，2010.

[6] 陈学平. Altium Designer 13 电路设计、制板与仿真从入门到精通[M]. 北京：清华大学出版社，2014.

[7] 武建强. 计算机网络基础知识与操作[M]. 北京：北京邮电大学出版社，1999.

[8] 肖善军，梁林. 计算机网络基础知识经典 100 问[M]. 武汉：华中科技大学出版社，2014.

附录 A　色环电阻颜色对照关系

颜色	银	金	黑	棕	红	橙	黄	绿	蓝	紫	灰	白
有效数字	—	—	0	1	2	3	4	5	6	7	8	9
数量级	10^{-2}	10^{-1}	10^{0}	10^{1}	10^{2}	10^{3}	10^{4}	10^{5}	10^{6}	10^{7}	10^{8}	10^{9}
允许偏差 /%	±10	±5	—	±1	±2	—	—	±0.5	±0.25	±0.1	±0.05	—

附录 B 常用免费邮箱参数

参　　数	QQ 邮箱	网易 163 邮箱	网易 126 邮箱	Gmail 邮箱	263.net 邮箱
POP3	pop.qq.com	pop.163.com	pop.126.com	pop.gmail.com	263.net
SMTP	smtp.qq.com	smtp.163.com	smtp.126.com	smtp.gmail.com	smtp.263.net
SMTP 端口号	25	25	25	587 或 25	25

附录 C　单片机控制电路板的跳线和 LED 转接板安装

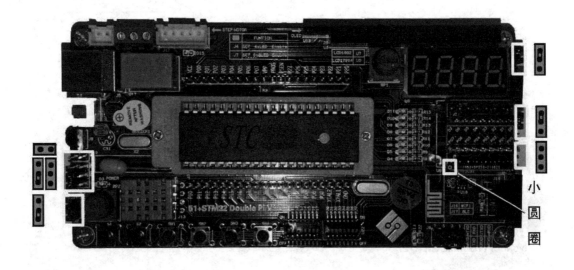

附录 D 测试程序 Dianzhen_C 的完整代码

```
/***************************************************
【程序实现】
上电后，显示字符"C"
***************************************************/

/***************************************************
头文件
***************************************************/
#include <reg52.h>
#include <intrins.h>
/***************************************************
本地宏定义
***************************************************/
typedef unsigned char u8;              //重命名类型 u8 简化代码编写
typedef unsigned int u16;

#define MATRIX_PORT         P0         //点阵 LED 负极端口


/***************************************************
本地全局变量
***************************************************/
sbit SCK = P3^6;                       //SCK 上升沿移位
sbit RCK = P3^5;                       //RCK 上升沿串行输出寄存器锁存
sbit SER = P3^4;                       //SER 引脚送字节数据进去


/***************************************************
函数原型声明
***************************************************/
void Delay100us();
void Delay200us();
void Hc595SendByte(u8 dat);            //编码线（阳极）赋值
void MatrixDisplay_C(void);            //十六进制；显示"C"字符
/***************************************************
函 数 名：main
函数功能：主函数
参数列表：无
函数输出：无
***************************************************/
void main(void)
{
        while (1)
```

```
    {
        MatrixDisplay_C();
    }
}


/********************************************
函 数 名：MatrixDisplay_C
函数功能：实现点阵显示字符"C"功能
参数列表：Delay100us 通过 STC 下载软件获取
函数输出：无
********************************************/
void MatrixDisplay_C(void)
{
        Hc595SendByte(0x00);          //第 0 行的 LED 赋值
        MATRIX_PORT = ~0x01;          //选中第 0 行（即 LED 阴极为 0）
        Delay100us();                 //延时 100μs
        Hc595SendByte(0x1c);          //第 1 行的 LED 赋值
        MATRIX_PORT = ~0x02;          //选中第 1 行（即 LED 阴极为 0）
        Delay100us();
        Hc595SendByte(0x22);          //第 2 行的 LED 赋值
        MATRIX_PORT = ~0x04;          //选中第 2 行（即 LED 阴极为 0）
        Delay100us();
        Hc595SendByte(0x20);          //第 3 行的 LED 赋值
        MATRIX_PORT = ~0x08;          //选中第 3 行（即 LED 阴极为 0）
        Delay100us();
        Hc595SendByte(0x20);          //第 4 行的 LED 赋值
        MATRIX_PORT = ~0x10;          //选中第 4 行（即 LED 阴极为 0）
        Delay100us();
        Hc595SendByte(0x22);          //第 5 行的 LED 赋值
        MATRIX_PORT = ~0x20;          //选中第 5 行（即 LED 阴极为 0）
        Delay100us();
        Hc595SendByte(0x1c);          //第 6 行的 LED 赋值
        MATRIX_PORT = ~0x40;          //选中第 6 行（即 LED 阴极为 0）
        Delay100us();
        Hc595SendByte(0x00);          //第 7 行的 LED 赋值
        MATRIX_PORT = ~0x80;          //选中第 7 行（即 LED 阴极为 0）
        Delay100us();
}


/********************************************
函 数 名：Hc595SendByte
函数功能：通过 74HC595 串行移位发送一个字节出去
参数列表：dat, 表示待发送的字节数据
函数输出：无
********************************************/
```

```
void Hc595SendByte(u8 dat)
{
    u8 i = 0, j = 0;

    SCK = 0;                              //将 SCK 置为初始状态
    RCK = 0;                              //将 RCK 置为初始状态

    for (i=0; i<8; i++)
    {
        SER = dat >> 7;
        dat <<= 1;

        SCK = 1;
        j++;                              //延时代码，等同于 nop 指令
        j++;                              //延时代码，等同于 nop 指令
        SCK = 0;
    }

    RCK = 1;
    j++;                                  //延时代码，等同于 nop 指令
    j++;                                  //延时代码，等同于 nop 指令
}
/***************************************************
函 数 名：Delay100us
函数功能：延时 100μs
参数列表：无
函数输出：无
***************************************************/
void Delay100us()                        //@11.0592MHz
{
    unsigned char i, j;

    _nop_();
    _nop_();
    i = 2;
    j = 15;
    do
    {
        while (--j);
    } while (--i);
}
```

附录 E　实例程序 Dianzhen_CHINA 的完整源代码

```
/*************************************************
【程序实现】
上电后，左右滚动显示字符"CHINA"
控制 SW1，加速；控制 SW2，减速
*************************************************/
/*************************************************
头文件
*************************************************/
#include <reg52.h>
#include <intrins.h>
/*************************************************
本地宏定义
*************************************************/
typedef unsigned char u8;                    //重命名类型 u8 简化代码编写
typedef unsigned int u16;

#define MATRIX_PORT        P0                 //点阵 LED 负极端口
#define LEDStrLength   56                     //用于定义显示的字符串长度
                                             //LEDStrLength=显示的字符数×8+16（清屏）


/*************************************************
本地全局变量
*************************************************/
sbit SCK = P3^6;                             //SCK 上升沿移位
sbit RCK = P3^5;                             //RCK 上升沿串行输出寄存器锁存
sbit SER = P3^4;                             //SER 引脚送字节数据进去

sbit SW1 = P1^2;                             //按键 1 可使滚动速度加快
sbit SW2 = P3^5;                             //按键 2 可使滚动速度减慢

char speed = 25;                             //滚动起始速度，数值越小表明速度越快

//定义 CHINA 的字符串编码值，可用取模软件获取
u8 LEDShowStr[] = {
0x00,0x00,0x00,0x00,0x00,0x00,0x00,0x00,     //清屏
0x00,0x1C,0x22,0x20,0x20,0x22,0x1C,0x00,     //C
0x00,0x22,0x22,0x3E,0x22,0x22,0x22,0x00,     //H
0x00,0x3E,0x08,0x08,0x08,0x08,0x3E,0x00,     //I
0x00,0x22,0x32,0x2A,0x2A,0x26,0x22,0x00,     //N
0x00,0x08,0x14,0x22,0x3E,0x22,0x22,0x00,     //A
```

```
0x00,0x00,0x00,0x00,0x00,0x00,0x00,0x00,        //清屏
};


/****************************************************
函数原型声明
****************************************************/
void Delay100us();                              //延时 100µs
void Delay200us();
void LEDShow_Line(u8 strda,u8 rownum);
void Hc595SendByte(u8 dat);                     //编码线（阳极）赋值
void LEDStrShow(void);

//按键扫描函数
int Key_Scan1(void)
{
    if(SW1 == 0 )
    {
        while(SW1 == 0);
        return     0;
    }
    else
        return 1;
}

int Key_Scan2(void)
{
    if(SW2 == 0 )
    {
        while(SW2 == 0);
        return     0;
    }
    else
        return 1;
}

/****************************************************
函 数 名：main
函数功能：主函数
参数列表：无
函数输出：无
****************************************************/
void main(void)
{

    while (1)
```

```
    {
        LEDStrShow();
    }
}


/*************************************************
函 数 名：LEDShow_Line
函数功能：实现点阵逐行显示功能
参数列表：rownum 选中的行号，strda 字符编码（LED 亮为 1，LED 灭为 0）
函数输出：无
*************************************************/
void LEDShow_Line(u8 strda,u8 rownum)
{

    switch(rownum)
    {
        case 0:
            Hc595SendByte(strda);        //编码线发送第 0 行的编码
            P0 =~0x01;                   //第 0 行低电平，选中该行
            break;
        case 1:
            Hc595SendByte(strda);
            P0 = ~0x02;                  //第 1 行低电平，选中该行
            break;
        case 2:
            Hc595SendByte(strda);
            P0 = ~0x04;                  //第 2 行低电平，选中该行
            break;
        case 3:
            Hc595SendByte(strda);
            P0 = ~0x08;                  //第 3 行低电平，选中该行
            break;
        case 4:
            Hc595SendByte(strda);
            P0 = ~0x10;                  //第 4 行低电平，选中该行
            break;
        case 5:
            Hc595SendByte(strda);
            P0 = ~0x20;                  //第 5 行低电平，选中该行
            break;
        case 6:
            Hc595SendByte(strda);
            P0 =   ~0x40;                //第 6 行低电平，选中该行
            break;
        case 7:
            Hc595SendByte(strda);
```

```
                P0 =    ~0x80;                          //第 7 行低电平，选中该行
            break;
        default:
            break;
    }
}


/***************************************************
函 数 名：LEDShow_Line
函数功能：实现点阵逐列滚动显示功能
参数列表：无
函数输出：无
***************************************************/
void LEDStrShow(void)
{
    char n,t,r,k=7;
    for(n=0;n<LEDStrLength-8;n++)                        //扫描字符长度-8
    {
        for(t=0;t<speed;t++)                            //每 8 行显示的延时
        {
            for(r=7;r>=0;r--)                           //由下至上逐行选中
            {
                LEDShow_Line(LEDShowStr[k+n],r);        //向上滚动显示
                Delay100us();
                if(k==0)                                //跳到要显示的下一行编码
                    k=7;
                else
                    k--;
            }
            if(Key_Scan1()==0)                          //控制加速，每按一次速度增加 5
            {
                if(speed>10)
                speed = speed-5;
            }

            if(Key_Scan2()==0)                          //控制减速，每按一次速度减少 5
            {
                if(speed<45)
                speed = speed+5;
            }
        }
    }
}


/***************************************************
函 数 名：Hc595SendByte
```

```
函数功能：通过 74HC595 串行移位发送一个字节出去
参数列表：dat，表示待发送的字节数据
函数输出：无
**************************************************/
void Hc595SendByte(u8 dat)
{
    u8 i = 0, j = 0;

    SCK = 0;                        //将 SCK 置为初始状态
    RCK = 0;                        //将 RCK 置为初始状态

    for (i=0; i<8; i++)
    {
        SER = dat >> 7;
        dat <<= 1;

        SCK = 1;
        j++;                        //延时代码，等同于 nop 指令
        j++;                        //延时代码，等同于 nop 指令
        SCK = 0;
    }
    RCK = 1;
    j++;                            //延时代码，等同于 nop 指令
    j++;                            //延时代码，等同于 nop 指令
}


/**************************************************
函 数 名：Delay100us
函数功能：延时 100μs
参数列表：无
函数输出：无
**************************************************/
void Delay100us()                   //@11.0592MHz
{
    unsigned char i, j;

    _nop_();
    _nop_();
    i = 2;
    j = 15;
    do
    {
        while (--j);
    } while (--i);
}
```

附录 F　教材有关说明

1. 配套实训耗材及设备（需要时可联系 0758-2716381）

1）手工锡焊套件及工具（供两人一组实验）

（1）实训耗材 1：手工锡焊套件，包括专用电路板 1 块、六角螺母 4 只、六角单头支撑柱、LED 发光二极管（红色、绿色和黄色各 100 只）。

（2）实训耗材 2：焊锡丝 1 卷、助焊剂 1 盒。

（3）高级恒温无铅电焊台 65W（调温范围 200～480℃）一套。

（4）锡焊可调光工作台灯 1 盏。

（5）数字万用表 1 只。

（6）其他锡焊工具：工具盒、吸锡器、镊子、斜口钳、泡沫板、十字螺丝刀、锡焊垃圾收纳盒各 1 个。

2）LED 点阵测试单片机套件（供一人一组实验）

（1）单片机控制电路板 1 块。

（2）专用显示转接板 1 块。

（3）专用显示连接排线 2 根。

（4）USB 下载连接线 1 根。

3）网络实训设备套件（供两人一组实验）

（1）无线路由器 TL-WR886N V4 两台。

（2）RJ45 网络连接线（1～1.5m）3 根。

（3）RJ45 网络直通头 2 个。

2. 教学资源库

project9_1	PPT 课件	思考与练习	各章源代码
教学大纲	教案提纲	教学日历（进度表）	期末考查试卷示例